大熊猫国家公园
自然教育模式研究

李娴 ◎ 著

大熊猫国家公园
国家公园

中国旅游出版社

序

　　收到李娴教授的《大熊猫国家公园自然教育模式研究》初稿的电子版，一方面先睹为快，不胜荣幸，另一方面也感受到李娴教授近年来在国家公园自然教育领域所做出的不懈努力。

　　翻阅本书，读者可以看到作者首先对国外国家公园自然教育成功实践进行了梳理，并在总结大熊猫国家公园自然教育产品现状的基础上，深入分析大熊猫及大熊猫国家公园自然教育资源特色，针对四种不同类型游客的自然教育需求，进行问卷调查特征分析，构建出一套由内而外、具有"核心价值—产品载体—外围周边"三大层次的大熊猫国家公园自然教育开发体系。四种不同游客类型，即中小学生、大众游客、当地社区居民、特殊专项游客，在受众分类基础上，进行核心价值的分析和梳理，围绕核心价值，设计与开发自然教育产品，最后从外围周边进行巩固和保障。以大熊猫国家公园唐家河片区为例，对每类受众进行自然教育产品和课程方案的设计，更具有指导性和实践性。其中，中小学生是大熊猫国家公园的保护后备力量，担当小小卫士的角色，主要通过研学旅行的方式进行自然教育，认识自然，提升保护自然的意识；当地居民是大熊猫国家公园的守卫者，是熊猫家园的主人，主要通过社区共建共享的原则进行特许经营和举办各项活动；大众游客是大熊猫国家公园中最广大最基础的人群，以生态游客的角色，保护和认识自然，主要通过绿色低碳的生态旅游方式进行自然教育；专业人士是大熊猫国家公园的探索引领者，是国家公园自然教育的先锋队，研究如何保护生物及自然环境，引导自然教育的发展方向，主要通过探索调研、研究讨论等方式进行自然教育。

　　自然教育是指依托各类自然资源，结合公众特征和需求，设定与自然相连接的教育目标，通过提供相应的设施和专业人员服务，引导公众亲近自然、认知自然、保护自然的主题性教育过程，它涉及适当的主题、合适的对象及相应的活动。关于自然教育，不能回避对自然的认识。中国文化的精髓强调的是"天人合一"，这里的"天"，指的就是自然。自古以来，人类对"自然"的认识可谓千差万别，这主要是基于人类观察自然的角度各不相同，这里就有两个"自然"之分：一是与人类关系较密切的自然（次生自然或半自然），二是与人类关系较疏远的自然（按自然固有规律演化的天然自然）。但是，近年的环境运动不断改变着我们对自然的认识，回归自然是当今时代的重要主题。所有生命都源于大自然——山、水、林、田、湖、草和人，是一个生命共同体，只有在自然中，才能获得真正的健康与安宁。远离自然，我们的身体和精神将变得迟钝和麻木。重新建立与自然的联系，会为我们打开一扇崭新的，通向健康、创造力和神奇力量的大门。当代的自然教育以改善"环境"作为教育的使命和目标，不仅是"关于自然"的教育 (about)，"在自然中"开展的教育 (in)，更重要的是"为了自然"而教育 (for)。在这种背景下，连接自然教育的自然体验就显得格外重要。国家公园正是提供自然教育的场所。

　　是为序。

2021 年 9 月 1 日于北京

前言

　　大熊猫不仅是地球生物多样性保护的"旗舰种"与"伞护种"，也是全世界自然保护的象征。自 2016 年起，开始国家公园体制试点工作，由习近平总书记亲自部署，四川、陕西、甘肃三省协同联动，打造出独具一格、具有中国特色的大熊猫国家公园。关于大熊猫国家公园自然教育，近年来中央办公厅、国家林草局等发布系列文件，积极推进大熊猫国家公园自然教育的实施，将大熊猫国家公园自然教育研究推向了高潮（见表 1）。

表 1　关于促进国家公园自然教育的系列文件一览表

时间	发文单位	政策文件	相关内容
2017.01	中共中央办公厅、国务院办公厅	《大熊猫国家公园体制试点方案》	通过国家公园体制试点，搭建政府主导、社会参与的生态保护平台，把生态保护、扶贫开发和地方经济发展有机结合起来，开展生态体验和环境教育，适度发展生态产业，并把大熊猫国家公园建设目标定位为"世界环境教育和生态展示样板区域"，搭建开展生态体验和环境教育平台，科学规划生态体验和环境教育项目
2017.09	中共中央办公厅、国务院办公厅	《建立国家公园体制总体方案》	国家公园坚持全民共享，着眼于提升生态系统服务功能，开展自然环境教育，为公众提供亲近自然、体验自然、了解自然以及作为国民福利的游憩机会。国家公园的首要功能是重要自然生态系统的原真性、完整性保护，同时兼具科研、教育、游憩等综合功能

续表

时间	发文单位	政策文件	相关内容
2019.04	国家林业和草原局	《关于充分发挥各类自然保护地社会功能大力开展自然教育工作的通知》	自然教育是建设生态文明的重要抓手，是经济社会发展的迫切要求。随着我国经济社会的快速发展和人们生态文明意识的提高，以走进自然保护地、回归自然为主要特点的自然教育成为公众的新需求。自然保护地开展自然教育，具有公益性强、就业容量大、综合效益好的优势，是发挥自然保护地多种功能的重要形式，是实现自然资源永续利用的有效途径。大力开展自然教育，对建设生态文明，满足人们日益增长的教育、精神、文化需求，推进林业现代化发展和林业草原产业转型升级，提高人民生活质量，将产生日益深远的影响
2019.06	中共中央办公厅、国务院办公厅	《关于建立以国家公园为主体的自然保护地体系的指导意见》	发展以生态产业化和产业生态化为主体的生态经济体系，不断满足人民群众对优美生态环境、优良生态产品、优质生态服务的需要。在保护的前提下，在自然保护地控制区内划定适当区域开展生态教育、自然体验、生态旅游等活动，构建高品质、多样化的生态产品体系
2020.09	四川省林业和草原局、省发展和改革委员会、省教育厅、省财政厅、省农业农村厅、省文化和旅游厅等八部门联合发文	《关于推进全民自然教育发展的指导意见》	开展大熊猫国家公园自然教育先行试验区建设，引领全省自然保护地的自然教育发展。提出幼儿园、中小学自然教育参与度达90%，自然教育市民认知度达到80%，以基地为主体的各类自然教育场域达到500处、各类自然教育主体500家，培育认证一批自然教育服务机构、自然教育导师和自然教育课程、线路和产品，创建一批自然教育优质品牌，将四川省建成全国自然教育示范省和国际知名自然教育目的地
2020.09	国家林业和草原局、国家公园管理局	《大熊猫国家公园管理办法（试行）》	对具有大熊猫特色的自然教育和生态体验活动、自然教育和体验设施，以及自然教育和体验管理等提出明确具体的内容

　　大熊猫国家公园作为建设世界旅游目的地和生态环境教育的平台，其自然教育的开展是积极响应国家保护生态、促进经济发展的战略和建立与大自然和谐共处的方针的重要体现。广大青少年、当地社区居民、广大游客、专业特殊人群等这些群体对于大熊猫栖息地生态系统的完整性、原真性的保护十分重要，有助于增强对大熊猫物种稳定繁衍等知识的认知，也是宣传探索人与自然和谐共生的新模式实践途径，对大熊猫国家公园建设影响深远。

　　本专著在国家公园及自然教育相关国内外研究梳理基础之上，从产品的角度，在美国、加拿大的国家公园自然教育成功实践，以及目前我国大熊猫国家公园自然教育产品现状的基础上，深入分析大熊猫及大熊猫国家公园自然教育资源特色，结合不同类型游客自然教育需求问卷调查特征分析，针对中小学生、大众游客、当地社区居民、特殊专项游客四个不同的受众，构建"核心价值—产品载体—外围周边"三个层次的大熊猫国家公园自然教育开发体系。拟通过大熊猫国家公园自然教育模式研究，塑造大熊猫国家公园的国家品牌，宣传保护大熊猫的知识，有效科学地提升青少年及当地社区居民、广大游客、专业特殊人群的自然教育，增强素质教育。

　　本专著得到四川省社科重点研究基地国家公园研究中心、四川省高等学校人文社会科学重点研究基地"青藏高原及其东缘人文地理研究中心（成都理工大学）"资助，是四川省社会科学规划重大课题"大熊猫国家公园自然教育模式研究（项目编号 SC19EZD056）"的研究成果。在研究和完成过程中，得到了大熊猫国家公园四川省管理局科研教育处的大力支持和帮助，北京林业大学园林学院张玉钧教授、成都理工大学朱创业教授、吴柏清教授、杨尽教授的技术指导，在读人文地理专业研究生姚琴、张莉敏、凌容，在读风景园林研究生王楠、王婧雯、黄蜀云等学生的调研和分析，对以上单位和师生表示衷心的感谢！

编者

2021 年 9 月

目 录
CONTENTS

1. 国内外相关研究

1.1 关于自然教育思想的国内外研究

自然教育（Nature Education）是在自然中体验学习关于自然的事物、现象及过程的认知的教育思想，其主张核心是认识自然、了解自然、尊重自然，进而在脑海中形成爱护自然、保护自然的意识形态。就其起源，通过文献我们可以追溯到古希腊和先秦时期。

"自然教育"作为西方教育思想的重要代表，存在于古希腊时期哲学家的思想之中，在近代蓬勃发展。自然教育理论最早萌芽于古希腊，在柏拉图的《理想国》、亚里士多德的《伦理学》等经典书籍都有被提及，而"自然教育"的正式意义的提出，源于夸美纽斯《大教学论》（高伟，2005）。其后在杜威、卢梭等人的发扬下，自然教育在学界引起重视，支持者逐渐增加。但是完整意义上将自然教育主张用文学方式体现出来的寥寥无几，主要以卢梭为代表。卢梭提出"自然"是指一件事物的最原始状态，即儿童的自然天性，而人的成长受到自然、人或事物三种因素的影响，由此形成的教育是自然的教育、人的教育以及事物的教育的融合（周晓敏，2018），由此形成了自然教育的概念。此外，卢梭将人本化的内涵运用在自然主义教育中，强调"人性""人本"等核心概念，主张教育的人本化，目的就是让学生通过自然的天性进行充分的发展，因此，卢梭构建起了真正的自然主义教育体系，实现了自然教育的重大转变。

在我国的历史发展中，也存在"自然教育"的思想观念。先秦时期，道家的思想中已经具有"自然思想的萌芽"，主要集中在老子的"无为"思想，而庄子在其《庄子》中所主张的"自然人性论"，在教育教学理念、教育教学内容、教育教学方法等各个不同层面上与卢梭的自然教学思想互相影响相通（邱琳，2009）。而在秦汉时期，"自然教育"在"黄老之学"中进一步延续。随后的历史发展过程中，王充、嵇康、王阳明、李贽等中国思想家与教育家，也明确提出自然教育的想法。民国时期的文学家鲁迅，虽然没有明确提出自然教育的主张，但他的很多作品中都体现了希望儿童在自然中游戏、劳动、学习、成长的教育理念（姜彩燕，2009）。

1.2 关于国家公园的国内外研究

国外的国家公园发展较早，在发展过程中提炼出大量的成功管理经验，研究内容主要涉及国家公园的功能、管理体制、发展阶段、社区居民管理等方面。

1872 年，全球第一家国家公园诞生于美国，它的成立也标志着国家公园的形成。从此，国家公园的概念在不同的国家得到不同程度的传播与发展，每个国家根据自己的国情实现了具有本国特色的国家公园建设与发展，如澳大利亚的国家公园带有城市公园的特征，提供的服务多以游憩为主；英国的国家公园注重自然资源的价值及公园地理区位问题（李吉龙，2015）。与此同时，国家公园的有关研究也随之深入与发展，如格瑞（Gary，1976）将国家公园管理人员的角色界定为管家或者是服务员；麦金托什（Mackintosh，2000）认为国家公园应当具备国家自然遗产保护、全民公益性、游憩娱乐等功能。国家公园的设计标准主要是围绕保护生态系统、传承文化等关键要素进行；卡尔藤伯恩（Kaltenborn，2008）针对社区利益在中央与地方的力量悬殊情况下进行公平的利益分配以及解决被强制实施的国家公园建设不被社区接受、欢迎的问题进行研究分析；克拉克（Clark，2011）的研究表明适应性管理这一重要因素在国家公园管理中占有重要地位，对于处理集体与个体间的关系起到关键作用。

在国家公园开发建设方面，我国比国外晚 100 多年，1982 年，孙筱祥的《美国的国家公园》是我国发表的最早的学术性课题研究。随后，张晓（1999）对国外国家公园的管理现状及其经营原则这两方面进行了阐述。这期间，研究文献逐年增多，但主要是研究国外的国家公园发展现状方面，研究层次较低、层面较浅。直到 2000 年，国内的研究文献从研究国外国家公园的管理经验开始转至我国国家公园的建设可行性分析。如杨锐（2001）概括了美国国家公园发展的阶段、经验教训及我国应从中得到什么启示；周永振（2009）通过总结美国国家公园的管理理念，结合我国的实际，指出我国在国家公园建设中要注意公益性这一特征。2012 年以后，我国的国家公园建设的研究文献呈爆发式增长，内容涉及国家公园公益性、社区参与及旅游规制等领域，并以实地案例分析为主，有关中外国家公园的对比分析的研究比例也逐年增高。如陈耀华，黄丹（2014）通过综合考察国家公园的自然资源公益性、国家主导型和自然资源科学化的基本特点后，研究了当前我国的生态环境保护土地的开发和建设；王夏辉（2015）总结了国内外国家公园的建设实践，结合我国旅游保护地所存在的各种问题，提出我国国家公园的建设定位、战略及实施的设计方案；肖练练，钟林生（2017）通过借鉴国外国家公园建设的实践经验进而提出对我国国家公园的建设的指导性意见。

从 2015 年开始，国家各部门出台了各种方案，以促进国家公园的建设。2017 年，党的十九大明确表示要设立国有自然资源资产管理和自然生态监督管理机构，建立以国家公园为主体的自然保护地体系，这标志着我国国家公园建设进入新的历史阶段。

1.3 关于国家公园自然教育的国内外实践研究

美国自然教育实践梳理。美国自然教育实施方式主要有以下三种。第一种，生态游戏。生态游戏形式多样、内容丰富且趣味性强，是美国国家公园开展自然教育最核心的手段之一。生态游戏以寓教于乐的方式，既能帮助公众走进大自然、感知大自然，又能引发人的思考，让公众从内心去爱护大自然。野外实践活动便能很好地体现生态游戏寓教于乐的功能。第二种，自然环境解说。自然环境解说的品质直接影响到自然教育开展的效果。再好的活动方案和课程，都需要有好的老师进行引导才能达到理想的效果。美国国家公园都会长期向公众提供各类自然解说和科普教育服务，解说内容涉及自然环境、人文历史等各方面，以期让游客感受到人与自然的紧密联系。第三种，线上互联网课程。民众通过网上提供的公园资讯，观看一些图片、文本、视频或者网络互动小游戏、虚拟游园，学习由教育专家编撰的开放式自然教育课程等，增强自然教育意识。

英国的自然教育实践发展历程。以英国威尔士卢迪安山脉和迪谷为例，其包含红海龟国家公园和泰莫尔国家公园等数个景观资源突出的风景区。除开展了红海龟公园动植物解说、看得见风景的房子、采矿发展过程展示等自然教育活动外，其十分注重高新技术与自然的结合。比如，在游客中心进行多媒体讲解与互动讲解；在步道、行车线路设数字信息点，安装手机 Wi-Fi 和蓝牙音频导览。此外，其还十分重视农民利益的维护，将农民、食品生产商和企业融入自然体验活动中，以确保农产品作为游客体验的一部分。

日本的自然教育实践梳理。日本特别强调自然体验学习，从小就让孩子亲近自然，了解自然。日本有各种形式的自然教育活动，其中最有特色、最受儿童欢迎的活动是"修学旅行"。其内容大体包括露营、野炊、自然观察、手工体验、登山、徒步等。为推广自然体验教育，政府还在全国范围内建立儿童中心、国立青年之家、少年自然之家等公益机构，号召青少年参与各类自然活动，并为此类活动提供培训指导。此外，日本还十分重视安全问题，专门设立了专业机构开展事故预防的相关知识，组织安全登山的宣传教育；设立专门的"自治体赔偿保险"，确保一旦发生安全事故时，学校不用赔偿。

我国国家公园的自然教育还处于研究阶段，没有成熟的实践案例。中国首先借鉴国外环境教育的经验模式，集"教学＋自然学校＋自然体验"对学生进行自然教育。我国各地学校学生进行自然教育的方式普遍是采用学科渗透式的方式，在课程中增加户外实践项目。其次是建立自然学校，在 2015 年深圳就建成了 7 所自然学校，如红树林自然保护区自然学校、仙湖植物园自然学校等。截至 2019 年，中国自然教育委员会授牌了 20 个自然学校（基地），其中北京延庆野鸭湖湿地自然保护区、云南高黎贡山国家级自然保护区等 6 处均属于依托自然保护地进行自然体验的教育基地。国家公园自然教育目前还处于理论探索阶段，自然教育项目比较单一，例如，李杰在大熊猫国家公园自然教育工作研究中提出继续将保护科研成果融入自然教育，加强与周边社区合作，在整体上发挥大熊猫国家公园生态服务功能。

1.4 研究综述

从对国内外研究现状的梳理，可以看出，国内外对自然教育的研究都有着深厚的理论基础，这也为本研究提供了坚实的理论支撑。结合相关文献来看，国外一直广泛关注国家公园的自然环境本真性、生态保护和游憩利用问题，从国家公园自身的角度出发，后来的研究慢慢延伸到国家公园旅游产业的开发建设、社区的参与、国家公园与其他相关利益者之间的关系、资源评估和特殊经营的管理制度等多方面。在对于国家公园的研究与尝试方面，国内虽然起步较晚，但是研究内容上也非常丰富，在原有的自然保护区的基础上，增添了涉及生态补偿、社区参与、机制体制建设等问题。就国家公园的自然教育方面，国外研究起步较早，并且具有大量成功实践，因此研究相对成熟。相比之下，我国国家公园的建设处于初步阶段，其自然教育的研究非常欠缺，当下尚未发表与国家公园自然教育相关的研究成果。基于此，本项目旨在通过大熊猫国家公园开展自然教育的相关研究，从大熊猫的生态习性和生活环境入手，针对不同年龄阶段的青少年心理特征和学习特征，设计相关课程，开发自然教育线路和产品，促进大熊猫国家公园公益性的发挥，也能够为其他国家公园开展研学旅行活动起到借鉴作用。

2. 大熊猫生物特性

2.1 大熊猫的起源与演化

　　大熊猫是食肉目类动物，根据现有考察记载，最早的食肉目兽类可以追溯到第三纪初期古新世，距今已有 6000 多万年，由于时间久远，一般把它们称为古食肉类。通过对不同环境的适应，古食肉类大量向欧、亚、美洲进行辐射演化，发展出一支基础食肉动物，曾被称为原古食肉类（Procrerodi）。在漫长的古新世时，古食肉类还演化出了新的一类，叫麦牙西兽（Miacis），与原古食肉类相比，麦牙西兽头脑更加发达，牙齿的结构也更加适应肉食的习性。随着时间的推移，麦牙西兽类逐渐演化成现代新食肉类，分为狗形类（Cynoidea）和猫形类（Feloidea）两大类，而狗形类演化成三支。到了中新世时，狗型类的第三支已朝着两个方向发展。一个方向发展为古浣熊，另一个方向发展为始熊猫。

　　从中新世晚期始熊猫的起源开始，历经 800 万—900 万年的沧桑演变和严酷的气候袭击，以及人类的排挤，演化到成现在的大熊猫。经科学家研究（含 2005 年的最新研究成果），大熊猫的分类系统包括 3 属 5 种和 4 亚种。

2.2 大熊猫的生物特征

　　大熊猫似熊又不属熊，似猫又不是猫，经中国科学家们研究认定，它是自成一科一属一种的独特动物（见图 2-1）。

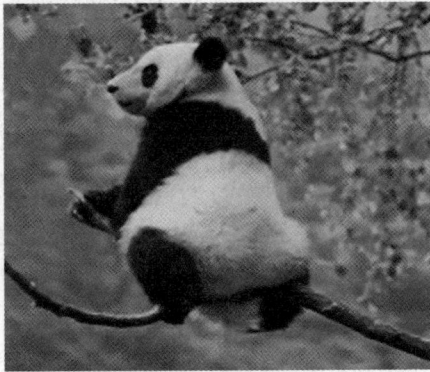

图 2-1　大熊猫形态

（来源：四川省林业和草原发布平台）

大熊猫的形态特征是在演化过程中，基于生存和适应的需要而形成的。头呈圆形，宽而硕大，整个面颊显得很圆，具有丰满的咀嚼肌肉，故能轻易咬断竹子。它体色黑白分明，咀缘稍沾浅棕色，具稀疏而短的几根黑色口须。鼻端裸露，为黑色。面部除眼圈、耳朵为黑色外，概为乳白色。背和腰乳白色，臀部和尾部黑色稍带棕褐色，颏白稍带浅褐棕色，口角两侧黑褐色沾棕色的斑纹。喉部暗棕褐至胸部逐渐转为黑色，腹部为棕褐色。前肢自肩以下为深黑色，有光泽。后肢的股外侧为棕褐色，至腿由暗褐色逐渐转为黑色。足底被有黑褐色粗毛，前后足各具 5 趾，爪为黄白色。大熊猫体长约 160~180 厘米，躯体肥胖，四肢粗壮，但前肢稍长，后肢略短，前肢有力，以利攀爬和抓扳竹子。[①]

2.3 全国大熊猫栖息地分布

根据大熊猫的发现情况来看，大熊猫分布区域较广，大体位于东经 95°~120°、北纬 23°~41° 之间，属北亚热带。这一高原地区常年气候温暖、湿润，森林覆盖面积广，竹子种类多样，这为大熊猫的自然栖息提供了良好的生

---

① 资料来源：四川省林业和草原发布平台。

长条件，推动了大熊猫动物群的形成，如剑齿虎、剑齿象动物群等。

现生大熊猫主要分布在中国的六大山系：秦岭山系、岷山山系、邛崃山系、大相岭山系、小相岭山系、凉山山系。除秦岭山系属于陕西省范围外，其余五大山系均在四川省内，唯有岷山山系尾部深入甘肃南部。六大山系分布范围不均，各不相同，地貌复杂多元，巨大的海拔差异，多样性的气候类型，独具特色的自然环境培育了纷繁的生物类别，适宜多种生物生存繁衍，生物多样性丰富，为大熊猫等珍、稀、古、特动物生存创造了优越的环境。同时，这些山系属于温润半温湿型和亚热带的交错的山地森林，该地区降雨量充沛，水资源丰富，气候潮湿，植被密集，分布有针叶林、阔叶林、针阔叶混交林，具备40多种大熊猫的可食的植物。据调查，大熊猫在上述分布区内针叶林中的相对丰富度达54.44%，在阔叶林中的相对丰富度达40.04%，两者合计近95%。由此可见，六大山系分布区内的国土资源、水资源、气候资源、森林资源以及其他各种自然资源，都是大熊猫生存环境不可缺少的重要因素，因此，大熊猫选择了这些地方生存了下来。大熊猫分布区域变化示意图如图2-2所示。

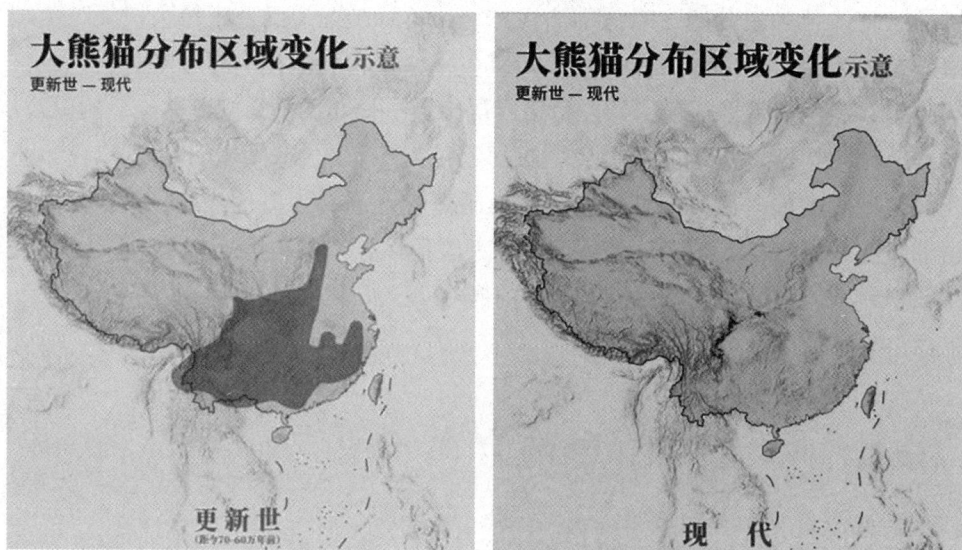

图2-2　大熊猫分布区域变化示意图

（来源：星球研究所）

据统计，中国大熊猫栖息地总面积约230.50万公顷，四川大熊猫栖息地面积近 177.44 万公顷，约占全国大熊猫栖息地总面积的 76.98%（见表 2-1）。在全省 33 个分布县（市、区）中，栖息地面积位居前三位的县是：平武、宝兴、汶川（含卧龙特别行政区），分别占全省栖息地总面积的 15.61%、11.27% 和 9.39%，这 3 个县在全国也位居前三位。

表 2-1　各省大熊猫栖息地面积一览表

省　名	面　积（公顷）	比　例（%）
四　川	1774392	76.98
陕　西	347864	15.09
甘　肃	182735	7.93
合　计	2304991	100

（来源：四川林业和草原发布平台）

2.4 大熊猫文化价值

第一，大熊猫具有美学意义上的可观赏性。从外貌上来看，大熊猫像熊，它们的头和身体是白色的，四肢和肩膀是黑色的，黑色的眼眶别具一格，相貌十分"卡通"。由于其"卡通"、呆萌的形象，大熊猫受到世界人民的喜爱，更有赞美大熊猫的诗句："年龄赛盘古，举止犹天真，结庐在岷山，五洲慕憨容"，生动形象地描述出其外观形象的美观性。

第二，大熊猫是生态多样性内涵的象征。作为全球稀有动物的代表，大熊猫的存在，展现着全球生物的多样性，对启示人们保护自然具有重要价值。大熊猫文化价值的最佳体现就是大熊猫世界自然基金会（WWF）选择大熊猫作为其象征。

第三，体现在它的独有性上。作为中国特有的物种，大熊猫的颜色与道教文化中的阴阳形状相似，它是国家和民族的象征。

第四，大熊猫是友谊的使者。大熊猫作为国宝，是中国与世界交流沟通的重要途径。迄今为止，将大熊猫作为国家礼物赠送给其他国家，加强了中国与其他国家的友好关系建设，在促进中国与世界各国文化交流方面起到了不可替代的作用。

第五，大熊猫推动了其分布区的生态系统与传统文化传承。大熊猫所生存的区域，离不开与其他物种的联系，而其所在地区的生态环境更是至关重要。因此，在保护大熊猫的同时，也加强了对于其他物种的保护，重视对其赖以生存的生态系统的维护，其栖息地人民保留的生产方式对现阶段生态文明建设具有深远的价值。

2.5 我国其他珍稀动植物与保护情况

2.5.1 我国珍稀动植物基本情况

中国是世界上野生动植物种类资源最为丰富的国家之一。我国已发现高等植物 3 万余种，其中木本植物 7000 余种。目前，已记录的淡水鱼类近 600 种，其中海洋鱼类 1500 多种，约占世界鱼类种数的 10%。境内共存有脊椎动物近 6500 种，占世界脊椎动物种类总数的 10% 以上。特别是大熊猫、金丝猴、华南虎等中国特有的珍稀濒危野生动物有 470 多种，其中国家重点保护动物有 425 种。

由于缺乏环境保护意识以及对野生动植物资源的不合理使用，我国在之前的发展中留下了深刻的经验教训。从动物层面而言，以野马、高鼻羚羊等为代表的近 10 种鸟兽因人类的滥捕乱杀基本灭亡，还有 20 多种野生动物面临灭绝的危险，如长臂猿、坡鹿、虎、扬子鳄、象等。在野生植物发展过程中，由于人类的活动，一些植物也逐渐消失在人们的视野中，许多贵重药材的药源也由于无计划地采集而消失了。

全球性问题众多，野生生物的灭绝也是其中一个。据统计，在过去的两千年里，110 多种动物已消失。目前，世界上有 2500 种植物和 1000 多种脊椎动物也濒临灭绝。[①]

2.5.2 珍稀动植物保护历程

随着社会的发展，环境问题日益突出，国家开始意识到环境保护的重要性，开始重视对于自然环境的保护。通过加强立法执法、建立自然保护区、开展救护繁育、加强宣传环境教育知识等措施，我国逐渐构建起科学完备的野生动植物保护体系。

我国于20世纪50年代就实施了建立自然保护区来保护珍稀动植物的措施，目前，中国已有2000余处保护区，大熊猫保护区有多处。自1983年大熊猫生存受到威胁以来，国家就十分重视，先后拨款、成立救援小组，建立自然保护区，使大熊猫得到更好的生存环境。到21世纪，我国为解决物种保护、自然保护，推进保护区的建设等问题，不断实施自然保护区建设工程。

1995年以来，国家就对多种珍稀野生动物和植物的分布、数量、繁殖等进行了细致研究。对候鸟的迁徙规律、主要的森林气候带生态多样性、生态系统的演变趋势以及生态系统的修复进行了深入的研究，并建立了森林生态系统的定位研究站点。在珍稀动物的繁殖、珍稀植物的病虫害防治方面，将其高超的繁殖、防治技术推广了出去，对珍稀野生动植物的保护起到了重要的作用。相关部门还制定了相应的技术标准及管理模式，如《林木种质资源保存标准》和《自然保护区经营管理档案管理模式》，并得到广泛的推广应用。国家林业和草原局通过举办野生动植物管理、调查等活动和开展培训班的方式，来提高保护区人员的管理水平，并且初步建立起自然保护区信息系统。我国还采取了严厉打击野生动植物非法贸易、提高野生动植物繁殖生存能力、增强其栖息地保护等一系列行动，进一步降低了野生动植物灭绝的程度。

---

① 来源：尚义县国家级自然保护区。

3. 大熊猫国家公园发展现状

3.1 大熊猫国家公园设立背景

为了使大熊猫得到更好的保护和发展，促进我国生态文明的建设，实现自然资源的科学保护和特定区域的合理利用，国家批准设立了大熊猫国家公园，这对人与自然和谐共处、建设美丽中国具有重要意义。

大熊猫在我国享有"国宝""活化石"的美誉。中国在四川、陕西、甘肃建立了自然保护地，有效地保护了珍稀野生大熊猫，而且取得了不错的成就。但大熊猫的一些栖息地存在破碎化和孤岛化等问题，并造成大熊猫种群被分割，退缩至六大山系，更为严重的是个别小种群濒临灭绝，且保护区内还存在自然资源产权不清、管理混乱、责权不清等问题。为了保护大熊猫及其自然栖息地的原真性和完整性，2017 年 1 月，经审议批准，中央政府发布了《大熊猫国家公园体制试点方案》，启动了大熊猫国家公园体制试点。2021 年 10 月 12 日，中国正式设立大熊猫国家公园等第一批国家公园。

3.2 大熊猫国家公园涉及范围

试点区范围包括四川、陕西、甘肃三个省份 12 个市（州）30 个县（市、区），涉及岷山、邛崃山 – 大小相岭、秦岭、白水江四大片区，地理坐标为东经 102°11′10″~108°30′52″，北纬 28°51′03″~34°10′07″，总面积为 27134 平方公里。其中，四川面积 20177 平方公里，占总面积的 74.36%，涉及 7 个市（州）

20 个县（市、区）；陕西面积 4386 平方公里，占总面积的 16.16%，涉及 4 个市 8 个县（市、区）；甘肃面积 2571 平方公里，占总面积的 9.48%，涉及 1 个市 2 个县（区）（见表 3-1）。①

表 3-1　大熊猫国家公园涉及区域及面积一览表

涉及省	涉及市（州）	纳入国家公园面积（平方公里）	涉及县（市、区）
四川省	成都市	1459	崇州、大邑、彭州、都江堰
	德阳市	595	绵竹、什邡
	绵阳市	4560	平武、安州、北川
	广元市	868	青川
	雅安市	6219	天全、宝兴、庐山、荥经、石棉
	眉山市	512	洪雅
	阿坝州	5964	汶川、茂县、松潘、九寨沟
陕西省	西安市	831	周至、鄠邑
	宝鸡市	1709	太白、眉县
	汉中市	936	佛坪、洋县、留坝
甘肃省	安康市	910	宁陕
	陇南市	2571	文县、武都

（来源：大熊猫国家公园官网）

大熊猫国家公园分布图如图 3-1 所示。

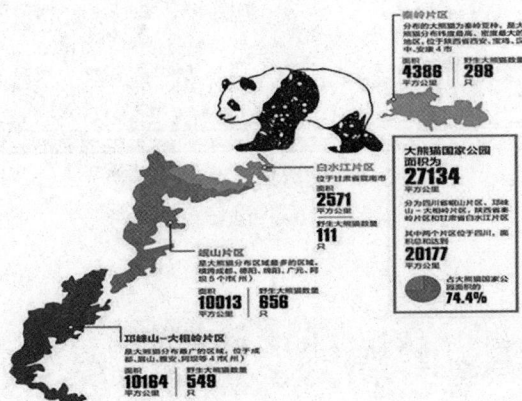

图 3-1　大熊猫国家公园分布

（来源：侠客地理）

① 来源：大熊猫国家公园官网。

大熊猫国家公园范围图如图 3-2 所示。

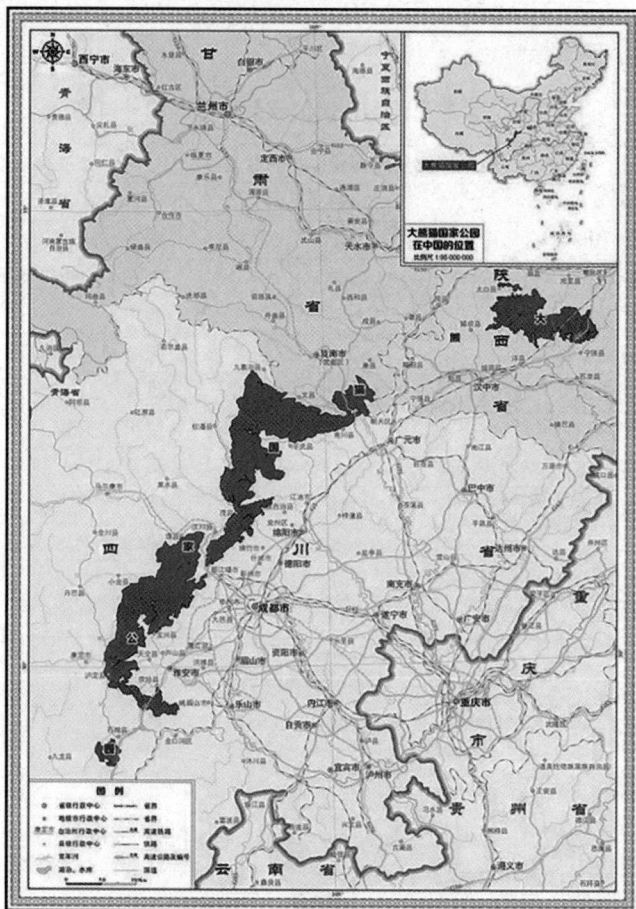

图 3-2 大熊猫国家公园范围

（来源：大熊猫国家公园官网）

3.3 大熊猫国家公园地形地貌

大熊猫国家公园地处滇藏地槽区的松潘－甘孜皱褶系和昆仑—秦岭地槽区的秦岭皱褶系的交界带，呈现出东南低、西北高，河谷深切、地势崎岖等地形特点，相对高差在 1000 米以上，山体海拔多在 1500~3000 米之间，最高 5588

米，最低 595 米，是全球地形地貌最为复杂的区域之一。区内还有多条断裂带，因此，地质灾害时常发生，最近 300 年来，共发生 23 次 6 级以上的地震，尤其在最近 10 年共发生 7 级以上的大地震 3 次。由于地震的发生，致使岩石破裂、土质疏松，且山坡陡峭，相对高度较大，再遇上暴雨的加持，容易造成滑坡、泥石流等地质灾害。大熊猫国家公园内拥有丰富的自然资源，森林面积广阔，达 19556 平方公里，覆盖率达 72.07%；草地面积 1809 平方公里，占总面积的 6.67%。湿地面积 224 平方公里；区内的水资源也相当丰沛，主要水系有嘉陵江、沱江、岷江、渭河。

3.4 大熊猫国家公园交通设施

试点区内的主要干线是西成高铁、成兰高铁、兰渝铁路、G5 京昆高速、武灌高速；并且西成高铁在试点区内设有新场街高铁站和菜子坪高铁检修站（见表 3-2）。

表 3-2　交通设施状况一览表

在建或完成设计待建	已建	近期纳入规划
绵九高速、汶九高速、文广高速余凡段、汶川至川主寺、绵竹至茂县、川藏铁路、G545 绵茂公路、省道 S216 平武县至松潘、盛大 S410 线青川至秦家垭（川陕界）、雅康高速、G351、S432（宝康路）、S431（芦灵路）、西成高铁、成兰高铁、兰渝铁路、G5 京昆高速、武九高速、都江堰至四姑娘山轨道交通，还有 G108、G212、G318、G247、G347、S216、S210、S206、S301、S302、S303、S313、S417、阳平关至九寨沟铁路文县段、S226 范坝至刘家坪段、S226 马泉至刘家坪段、平武至铁楼公路、江口双河至皇冠庙坪、碧口至李子坝公路	雅安至西昌、都江堰至汶川	彭州至汶川、茂县至江油、雅安至马尔康

3.5 大熊猫国家公园功能分区

大熊猫国家公园试点区分为核心保护区（见表 3-3）与一般控制区（见表

3-4）。

　　核心保护区是维护现有大熊猫种群正常繁衍与迁移的关键区域，也是采取最严格管控措施的区域。一般将大熊猫野生种群的高密度分布区以及其他重点保护栖息地等优先划入核心保护区，包括现有自然保护区核心区和部分缓冲区、世界自然遗产地核心保护区、森林公园生态保育区、风景名胜区受保护区域、国家一级公益林中的大熊猫适宜栖息地。核心保护区面积20140平方公里，占总面积的74.22%，其中大熊猫栖息地14456平方公里，野生大熊猫1519只，分别约占国家公园内大熊猫栖息地面积的80.07%、野生大熊猫数量的93.13%。

　　一般控制区是实施生态修复、改善栖息地质量和建设生态廊道的重点区域，也是国家公园内森工企业、林场职工、社区居民居住、生产、生活的主要区域，是开展与国家公园保护管理目标相一致的自然教育、生态体验服务的主要场所。一般控制区面积6994平方公里，占总面积的25.78%，其中，四川的面积为4659平方公里，陕西的面积为1235平方公里，甘肃的面积为1100平方公里。

表3-3　大熊猫国家公园核心保护区范围一览表

四区	核心保护区范围
峨山片区	片口、余家山自然保护区的全部；宝顶沟、千佛山等自然保护区的核心区和部分缓冲区；白羊、黄龙（部分）、龙滴水、勿角、白水河、龙溪虹口、九顶山（茂县）、东阳沟、唐家河、毛寨、王朗、小河沟、小寨子沟、雪宝顶等自然保护区的核心区、缓冲区和小部分实验区；黄龙、九鼎山、龙门山、青城山、九顶山（绵竹市）、鎣华山、阴平古道、千佛山等风景名胜区的部分区域；土地岭、鸡冠山、白水河、都江堰、千佛山等森林公园的部分区域；黄龙世界自然遗产地的部分核心保护区；安县生物礁、黄龙、龙门山地质公园部分区域以及其他大熊猫野生种群的高密度分布区和大熊猫关键廊道
邛崃山–大相岭片区	鞍子河自然保护区的全部；栗子坪、草坡、瓦屋山等自然保护区的核心区和部分缓冲区；卧龙、黑水河、大相岭、蜂桶寨、喇叭河等自然保护区的核心区、缓冲区和小部分实验区；三江、鸡冠山、灵鹫山、西岭雪山、二郎山等风景名胜区的部分区域；西岭、瓦屋山、二郎山、龙苍沟等森林公园的部分区域；四川大熊猫栖息地世界自然遗产地的部分核心保护区；汶川水墨藏寨和宝兴硗碛湖水利风景区的部分区域以及其他大熊猫野生种群的高密度分布区和大熊猫关键廊道
秦岭片区	佛坪、周至、太白山、老县城自然保护区的核心区和缓冲区；桑园、黄柏塬、牛尾河、长青、观音山、天华山、渭水河、皇冠山自然保护区的大部分核心区和缓冲区；天华山和青峰峡森林公园的生态保护区；太白县青峰峡和黄柏塬水利风景区的部分区域以及其他大熊猫分布高密度区、国家一级公益林中的大熊猫适宜栖息地
白水江片区	裕河、白水江自然保护区的大部分核心区和缓冲区；文县岷堡沟等大熊猫野生种群的高密度分布区以及武都区枫相院等国家一级公益林中的大熊猫栖息地

（来源：大熊猫国家公园官网）

表 3-4　大熊猫国家公园一般控制区范围一览表

四区	一般控制区范围
岷山片区	白羊、宝顶沟、龙滴水、白水河、勿角、龙溪虹口、九顶山、东阳沟、毛寨、小河沟、千佛山、小寨子沟、王朗、雪宝顶、唐家河、黄龙等自然保护区的部分实验区；蓥华山、千佛山、黄龙、九顶山、龙门山、青城山都江堰、阴平古道、九鼎山等风景名胜区的部分区域；土地岭、千佛山、都江堰、龙池坪、北川、白水河等森林公园部分区域；黄龙世界自然遗产地的部分保护区；安县生物礁、黄龙、龙门山地质公园部分区域；关坝自然保护区的部分区域；核心保护区外的大熊猫栖息地、栖息地斑块之间的空缺地带、人口密集区周边遭到不同程度破坏而需要恢复的区域；其他重要体验与自然教育资源以及居民聚居区、居民传统利用的交通通道，以集体权属为主的成片栖息地的经济林、薪炭林、耕地和传统牧场
邛崃山-大相岭片区	草坡、卧龙、黑水河、瓦屋山、大相岭、蜂桶寨、喇叭河、宝兴河、栗子坪等自然保护区的部分实验区；二郎山、三江、鸡冠山、灵鹫山、西岭雪山等风景名胜区的部分区域；二郎山、龙苍沟、鸡冠山、西岭、瓦屋山等森林公园的部分区域；四川大熊猫栖息地世界自然遗产地的部分保护区和缓冲区；洪雅瓦屋山地质公园部分区域；汶川水墨藏寨和宝兴硗碛湖水利风景区的部分区域；核心保护区外的大熊猫栖息地、栖息地斑块之间的空缺地带、人口密集区周边遭到不同程度破坏而需要恢复的区域；其他重要体验与自然教育资源以及居民聚居区、居民传统利用的交通通道，以集体权属为主的成片非栖息地的经济林、薪炭林、耕地和传统牧场
秦岭片区	桑园、黄柏塬、周至、长青、观音山、天华山、渭水河、皇冠山、牛尾河自然保护区的小部分核心区和缓冲区；桑园、老县城、太白山、长青、周至、观音山、天华山皇冠山保护区的部分实验区；天华山和青峰峡森林公园的部分区域；太白县青峰峡和黄柏塬水利风景区的部分区域以及其他核心保护区外的大熊猫栖息地、栖息地斑块之间连接通道；宁西林业局菜子坪林场；宁陕县新场镇、宁陕县皇冠镇、太白县黄柏塬镇、佛坪县岳坝乡大古坪、佛坪县长角坝乡北庙子和东河口、部分居民聚居区和耕地及集体权属非大熊猫栖息地经济林、薪炭林；周至保护区和桑园保护区实验区内的居民点、集体权属的非大熊猫栖息地经济林等
白水江片区	裕河、白水江自然保护区的极小部分核心区、部分缓冲区和大部分实验区；自然保护区外文县岷堡沟等大熊猫栖息地，武都区枫相院、余家河和张家院等栖息地斑块之间的关键廊道；其他核心保护区外其他需要恢复的区域；邱家坝、李子坝和阳坝等地重要生态体验与自然体验教育资源；阴平古道、石龙沟、碧峰沟、曹家沟和沟园坝等其他核心保护区外的体验区域及通道；文县铁楼、李子坝和马家山，武都区黄河坝、阳坝、五房沟和曲家庵等地居民聚居区、居民传统利用的交通通道以及文县岷堡沟、白马河，武都区枫相院、欧家山和滴水崖等地以集体权属为主的成片非栖息地的经济林、薪炭林、耕地和传统牧场

（来源：大熊猫国家公园官网）

大熊猫国家公园管控分区图如图 3-3 所示。

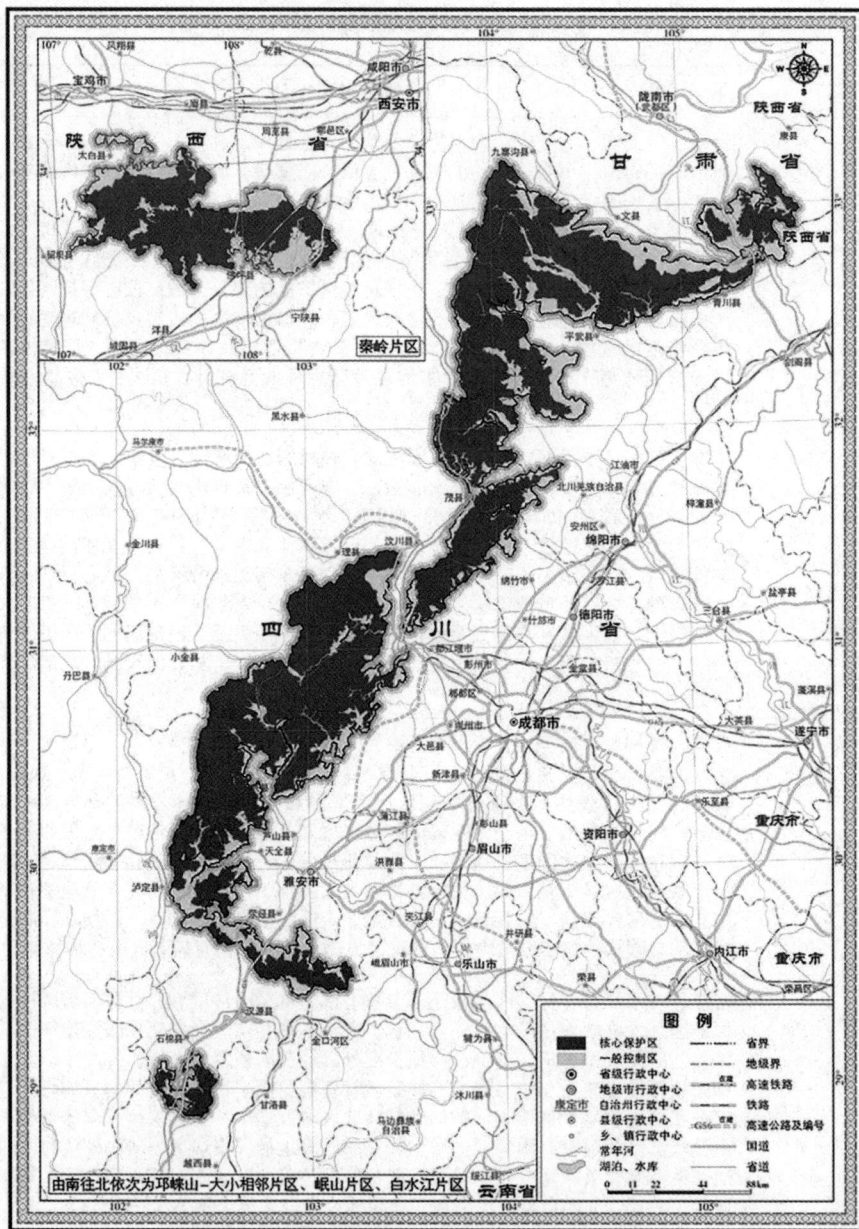

图 3-3　大熊猫国家公园管控分区图

（来源：大熊猫国家公园官网）

3.6 大熊猫国家公园大熊猫保护状况

在中华人民共和国成立之初，政府就出台了保护大熊猫的政策。从那时起，大熊猫和一些伴生物被纳入了禁捕范围。我国对大熊猫的保护在不断加强，保护理念在不断改变，保护节奏在逐步加快，保护力度在持续强化。

全国第四次大熊猫调查结果显示，截至 2013 年年底，我国野生大熊猫有 1864 只，圈养大熊猫有 375 只，野生大熊猫栖息地面积为 258 万公顷，潜在栖息地 91 万公顷，实验区野生大熊猫 1631 只。栖息地隔离形成了 33 个大熊猫局域种群，在试点区内有 18 个局域种群，大于 100 只的种群有 6 个，分布在岷山中部、邛崃山中北部、秦岭中部；30~100 只的种群有 2 个；如果种群规模小于 30，就有灭绝的危险。由于人口密度低和汶川地震的影响，大熊猫种群保护不容乐观。

3.7 大熊猫国家公园社会经济状况

试点区涉及 151 个乡镇 12.08 万人，包括 19 个少数民族。经济收入水平总体较低，其中有北川、平武、青川等 16 个县作为我国集中连片特殊困难县和国家级扶贫开发重点县，主要依靠财政转移支付。产业结构较为单一，产业多以矿山开采、水力发电等为主，并为地方财政提供了主要的收入来源。社区居民主要依靠传统种植作为收入来源，有部分居民还做矿山开采、加工劳务等工作。但由于自然保护区社区的共管项目的实行，给社区居民带来了大福音，社区可以开展养蜂、种植中草药、农家乐等，增加自己的收入。

4. 国外国家公园自然教育案例分析

4.1 美国黄石国家公园

　　黄石国家公园坐落于美国怀俄明州、蒙大拿州和爱达荷州交界处，景观组合丰富，四季景色壮观，是世界上第一个国家公园。早在 1872 年，为了保护该地区独特的自然景观与原始自然状态，黄石国家公园被正式命名为保护野生动物和自然资源的国家公园，并于 1978 年被列入《世界遗产名录》的世界自然遗产。黄石占地面积巨大，整个公园占地约 9 万平方公里，主要由五个板块组成。黄石国家公园内交通便利，具有较长的环山公路，将各景区间的景点相互联系在一起。自然教育贯穿游客在美国黄石公园游玩的全过程，从成立之初的目的，到公园发展过程中对自然资源的保护，游客都能通过公园的讲解受到潜移默化的影响。这样不仅能有效保护自然，更能给游客留下深刻的旅游体验，引导游客树立自然保护意识。自然教育活动开展的内容丰富，组织者众多，既包括官方性质的组织，也涵盖自然守护者自发组织的志愿活动、特许经营者开展的宣传活动、自助旅行等，自然教育成果明显。

　　美国黄石公园导游图如图 4-1 所示。

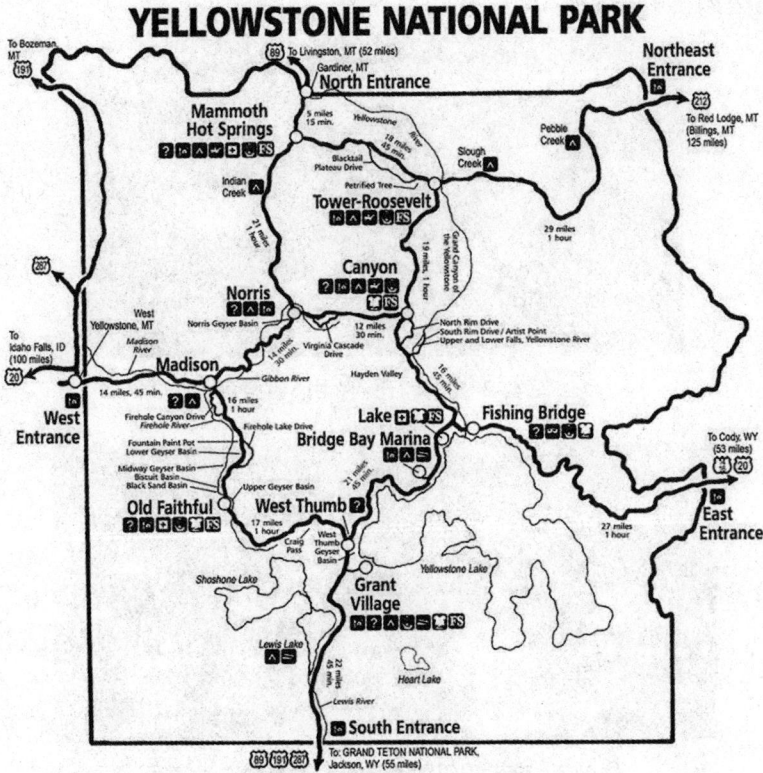

图 4-1　美国黄石公园导游图

4.1.1 责任重大的讲解员

黄石公园的讲解员数量不多，正式员工 22 名，旅游旺季，会增加额外的临时讲解员，数量在 60 名左右。在讲解之前，公园会收集游客通过各种方式提出的关于公园的问题，将这些问题集中反馈给讲解员，由他们为游客进行讲解。因此，讲解员的任务是通过多种展示方式增强公众对于公园的理解，提高民众对于黄石公园的好感，其中包括私人交往、宣传教育活动、出版物等。除此之外，黄石公园在网络上开设了一个讲解专家的专题，利用多媒体技术为观众提供"真实"参观，向游客陈述公园的地质演变、野生动物、概述公园内涵及相关互动活动，这极大地吸引了民众的注意力，提高了公园的知名度，并拓宽了公园的服务范围，面向多元化、非传统的公众。

黄石公园讲解员如图 4-2、图 4-3、图 4-4 所示。

图 4-2　西黄石游客中心讲解员

图 4-3　老忠实间歇泉区游客教育中心讲解员

图 4-4　公园内各景点定时定点讲解员

4.1.2 多样的信息获取方式

公园有多样的信息获取方式，包括出版物、广播、学术讨论活动，在出版物方面，其涉及种类众多且知识面广，有免费的有付费的，出版物的后续经营也有可持续发展，从游客入园开始就可以即时获取、调频广播、方便快捷，对于游览面积较大的公园来说是个不错的选择，学术讨论活动，内容和形式新颖。特别是黄石公园的特色活动，可以照顾年纪较小的孩子，能够让他们亲身参与活动。

4.1.2.1 出版各种读物

黄石公园十分重视出版物的宣传，据统计，黄石公园每年大约出版60种读物，这些读物的受众是游客和其他有兴趣的民众（见图4-5、图4-6、图4-7）。其中报纸的数量最多，每年约有85万份报纸派发到游客手中，且每年有75万份关于自助旅行的出版物；有关于滑雪、徒步旅行、划船、骑马等的小册子。上述出版物由黄石公园协会提供，该协会是黄石公园在自然教育和解说方面的主要合作伙伴，旨在为游客提供便利。他们的资金来源于为黄石公园的游客中心提供刊物，将其用来印制外文版地图、提供外文导游、出版其他国家语言的报纸等。

图4-5　翻译成各国语言的公园读物

图4-6　丰富多样的免费咨询读物

图 4-7　公园内自取资料箱—美元读物

4.1.2.2 完善的解说系统

黄石公园形成了完善的解说系统，其解说的方式丰富多样。依据时间划分，有长期解说、中期解说和短期解说三种类型，并且主题多样，随着时代的变化并依据游客特点和公园实际情况制定对应的内容；依据解说方式划分，可分为非人工解说和人工解说。从解说内容划分，既包括公园的景点介绍、出版物展示、历史博物馆等内容，也涵盖公园的文化教育、发展规划等。解说体系完整，内容多样（见图 4-8、图 4-9）。

图 4-8　依附主要景观的解说牌

图 4-9　在游客集中地区独立的地学景观解说牌

4.1.2.3 调频广播

调频广播是黄石公园服务游客的重要途径，也是游客获得公园信息的重要途径。当游客开车进入公园时，他们可以将收音机连接到 FM1610 频道，快速了解公园的景点和注意事项。随着公园的发展，借助科技设备与人工投入，1610 广播为游客提供了更多的旅游资讯，如近期的天气预报、道路的相关情况、野营和住宿的建议等，最大限度地便利了游客的旅游出行。

4.1.2.4 调研讨论活动

黄石公园十分重视科研活动和调研活动的开展，这对于黄石公园的发展具有重要意义。为此，黄石公园形成了专业的调研协调员，他们承担的职责是协助科研人员的研究活动，协助园区科研成果评审，必要时提供后勤保障。另外，公园十分重视科研活动，定期召开会议和论坛，为科学研究提供印刷材料服务。自 1991 年以来，黄石公园每两年举行一次定期论坛，鼓励参与者了解黄石公园的自然资源、文化资源的保护与发展并提出建议。此论坛参与者逐渐增多，影响力大，对黄石地区的自然文化资源保护具有重要意义。截至目前，该论坛形成了众多有价值的主题：如植物和它们所处的环境、人类对黄石公园

的影响、森林大火的价值、黄石公园的掠夺者、外来生物对原始的生物多样性
所带来的威胁。早在 1992 年，黄石公园正式出版了半学术性杂志《黄石公园
科学》（季刊），其刊载的文章涵盖了众多的科学话题。

4.1.3 受众广阔的教育活动

黄石公园为了让不同年龄段的游客都能体会到黄石公园的奇妙和教育意
义，提出了不同的旅游项目。

4.1.3.1 初级守护者活动

黄石公园针对 5~12 岁的孩子开展了一项名为"初级守护者"的官方项目，
其目的是向孩子们介绍大自然赋予黄石公园的神奇以及孩子们在保护这一人类
宝贵财富时所扮演的角色。要成为一名初级守护者，每个家庭需要为长达 12
夜的活动支付 3 美元，这样孩子们就可以参观公园的任何一个游览中心。孩子
们的主要活动包括：参加由公园守护者引领的一些活动、在公园的小道上徒步
旅行、学习关于公园资源与环境相关的自然教育课、了解公园生态与自然状态
等概念，培育孩子对自然资源环境和生态保护的意识。在完成上述一系列活动
后，参与的孩子们会得到公园官方授予的"初级守护者"荣誉，以肯定他们在
这一期间的表现，让他们感受到初级分享者的乐趣（见图 4-10）。

图 4-10　公园内"初级守护者"宣传售卖点

4.1.3.2 野生动物教育 - 探险

黄石公园因其独特的地理位置、广阔的面积和原始的自然生态，栖息着大
量的野生动物。然而由于栖息地的选择和其他各种季节性的迁徙，在很大程度

上也决定了游客欣赏珍稀野生动物的最佳时期是在什么时候，在什么地方。一般来说，清晨和黄昏是最容易观赏到野生动物的时间，因为这一时段他们会外出觅食，出现频率较高。然而，对游客而言，看到野生动物的种类与数量需要一定的幸运。所以，黄石公园想到了探秘野生动物的最佳方式，该活动是在黄石公园协会的一名有经验的生物学家的带领下，探寻黄石公园内珍稀的野生动物。通过该活动，参与者将会了解在何处、何时、怎样观察野生动物，并且从它们的行为、生态学以及保护状况中得到满足。

4.1.3.3 寄宿和学习

该项目对于那些想通过游历世界上最早成立的国家公园而获得乐趣、恢复精力的游客而言，真正是集教育和休闲于一体。该项活动鉴于美国黄石国家公园的优质住宿服务条件，向游客提供了白天和夜晚两种住宿模式。白天，黄石公园内的自然学家带领参与者探索黄石公园的有趣之处；夜晚，他们返回住处享受美味佳肴和舒适的住宿设施，并且在有历史感的公园饭店内体验丰富多彩的夜生活。该项目为滑雪爱好者、野生动物爱好者、徒步旅行者、家庭成员和打算采集标本的游客提供全年服务。

4.1.3.4 现场研讨会

如果旅游者能够参加现场研讨会活动，那会是一次难忘的经历，能够近距离地了解公园专业知识。研讨会选址不固定，一般在公园附近的皇家骆驼谷、野牛牧场、黄石公园内的饭店举行，会议时长约为1~4天，参会人数限制在13个人以内，收取50美元左右的费用，研讨内容不乏野生动物、地质学、生态学、历史、植物、艺术以及一些户外活动的技巧等内容。研讨会的指导者一般是对黄石公园充满感情的、并且愿意与他人分享其专业知识的知名学者、艺术家和作家。而无论是青年和老人、男人和女人、长期从事科研工作的学者还是初来黄石公园的游人，凡是那些对此具有强烈好奇心的外国旅游者，都可以成为这次游览活动的积极参加者。

4.1.3.5 徒步探险

黄石公园是全美国最原始的荒原地区，面积约220万英亩。这其中，有大约1700公里的小道适合徒步行走，然而，由于荒野带给人们固有的恐惧感、不可预知的野生动物、变幻莫测的天气情况、难以忍受的地热环境、寒冷的湖水、湍急的溪流以及布满松散岩石的崎岖不平的高山，使得徒步探险活动充满了艰难险阻。所以在公园守护者的带领下，游客们需要用半天的时间去参观黄石公园鲜为人知的地热保护区、探索野生动物的栖息地、体验黄石公园这一段荒凉的地带。

4.1.3.6 野营和野餐

黄石公园内目前共设立了 12 个指定的户外露营地，其中大部分野营地遵循谁先到就先为谁服务的原则。在野营地点，游客们既可以尽情欣赏、感受美国黄石公园的秀丽风光和自然美景，又可以远离喧嚣的都市，体验悠闲自得的恬静的乡野生活，同时，还可以通过与公园守护者、其他游客的交谈，举行一些活动来加深对黄石公园的了解。

4.1.4 完善的服务体系

除专家、协调员和雇员外，一起参与黄石公园的维护的还有来自各个行业的志愿者、合作伙伴、合作协会、基金会以及黄石公园的赞助商们。包括正式雇员、公园的守护者：他们会提供关于公园的信息服务和传递保护环境的内容；志愿者：为了在延长了的旅游旺季中保持公园的平稳运作，公园的管理者每年都要招募许多临时雇员和志愿者；合作伙伴：与非营利机构合作以帮助公园的雇员为游客提供更好的服务以及对公园的资源进行更好的保护；黄石公园合作协会：通过在公园观光中心销售教育资料、发展会员和从愿意支持特别项目的个人那里募集资金；黄石公园基金会：建立于 1996 年，以便于吸纳更多的私人资金用于维持、保护和加强黄石公园的资源管理并丰富游客的游览经历；黄石公园的赞助商，其中最慷慨的赞助商是美国留声机总裁及 Mannheim Steamroller 集团公司制片人 Chip Davis。黄石公园其他的赞助商包括佳能，它提供设备和资金用于研究棕熊以及打印公园的宣传品；Diversa Inc 对狼的 DNA 进行实验分析以找出黄石公园中的狼与美国其他地方的狼的血缘关系；环境系统研究所提供了软件和培训，以帮助公园雇员绘制资源图以及获得空间信息，以便于研究人员利用。

4.2 班夫国家公园

　　班夫国家公园（Banff National Park）坐落于加拿大阿尔伯塔省，是加拿大于 1885 年成立的第一个国家公园。该公园景色丰富多样，既有壮观的落基山脉山峰，也有一碧万顷的湖泊、风景如画的山区小镇和安静的村庄，孕育了众多的野生动植物，形成了秀美的风景带，被联合国教科文组织列为世界遗产的一部分。因此，班夫国家公园每年会吸引众多游客前来，进行各种各样的活动，包括在世界上最令人叹为观止的山区风光中远足、骑自行车、滑雪和露营。班夫国家公园导游图如图 4-11 所示。

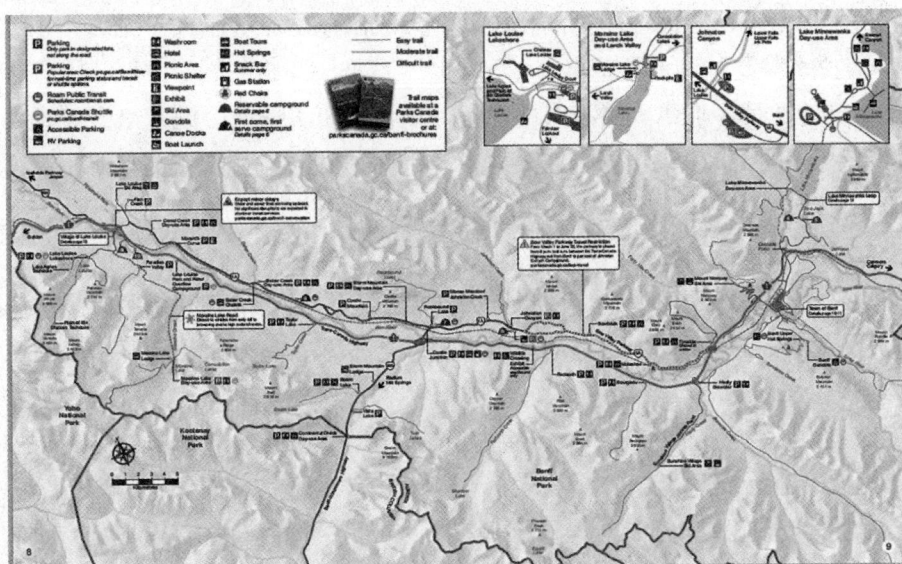

图 4-11　班夫国家公园导游图

4.2.1 班夫公园博物馆

　　班夫公园博物馆（Banff Park Museum）位于班夫（Banff）市中心的班夫大道（Banff Avenue），又名"山丘大学"（University of the Hills），收藏了5 000 多个历史性植物和动物标本，建于 1903 年的博物馆，其使用原木修建，是加拿大所有国家公园中幸存的最古老的联邦建筑。博物馆有免费绘画班，初学者可以在这里学习绘画。此免费绘画班会邀请众多知名的艺术家参与，开办不同的班级，所有班级都鼓励艺术探索和对话，帮助探索不同的材料和技术，探索参与者的艺术细胞，探讨我们如何与班夫国家公园的文化和地质景观互动，并贯穿真相与和解主题。

4.2.2 针对家庭的丰富活动

班夫国家公园最重要的启示就是针对家庭成员，开展多种多样的节庆活动，节庆活动又是根据季节来安排，每一个节庆活动的具体时间和内容都可以在官网的日程表上提前查询，节庆活动形式丰富多样，如独具加拿大情怀的运动盛会、针对冬天和夏天的活动、只有周末能参与的文化活动以及电影节和图书节，既包括运动层面也包括文化层面，形成浓厚的家庭氛围（见图4-12）。

4.2.2.1 露易丝湖曲棍球会

每年的2月，加拿大最有名的曲棍球比赛在班夫国家公园著名景点露易丝湖举行。无论你是在冰上还是在人群中，为你喜欢的球员呐喊助威，相信这样的情景肯定让你回味无穷。

4.2.2.2 班夫冬季艺术节

班夫中心（Banff Centre）的班夫冬季艺术节（Banff Winter Arts Festival）从1月一直持续到4月，豪华的阵容中包括艺术家、音乐家、展览会高山文化（Mountain Culture）等活动。该艺术节有弓谷（Bow Valley）最酷的表演和最抢手的门票，包括Playbill系列、古典音乐会系列、Walter Phillips Gallery当代艺术展以及高山文化活动等。

4.2.2.3 公园艺术节

每个参观者都可以穿上你的舞鞋，带着毯子来班夫国家公园的公共表演场地找个位置参与公园艺术节活动，这里汇聚了很多加拿大著名的艺术家，他们在这里即兴表演，与大家一起消暑娱乐。

4.2.2.4 班夫中心夏季活动

每年6月到9月，这里会举办许多展览、演出、户外音乐会及精彩的工作室展示。无论你来自哪里，都可以通过查看班夫中心的活动日程表了解活动安排。

4.2.2.5 班夫文化周末

班夫文化活动丰富，会在8月的周末举行文化艺术活动，最具吸引力的是当地两项传统文化活动："步行游"和"门户开放活动"（Doors Open Banff）。
这两项活动的开展，让游客有机会参观该地区相关的文物景点及其他文化活动，增强对当地传统文化的认识。

4.2.2.6 班夫山地电影节和图书节

每年秋季，班夫山地电影节和图书节都会如期举办，来自世界各地的作家、摄影师、冒险家和电影制作人都会集聚于此分享他们拍摄的电影及视觉作品、迷人的旅行经历以及冒险体验。无论你是坚强的冒险家还是行动不便的旅行者，在班夫山地电影和图书节都能感受到来自大山的召唤。探索一片未知的领域，充分激发你的想象力，深入挖掘那些打动人心、改变人生的美好故事，你的内心会在这里受到前所未有的触动。

4.2.2.7 班夫国家公园冰雪节

这里有丰富多彩的冬季活动等你体验。当洁白的雪花静静地飘落，大家围坐在篝火旁，一起回想雪上活动的有趣时刻，你会发现，这片洁白的世界已经深深印在你的心中。

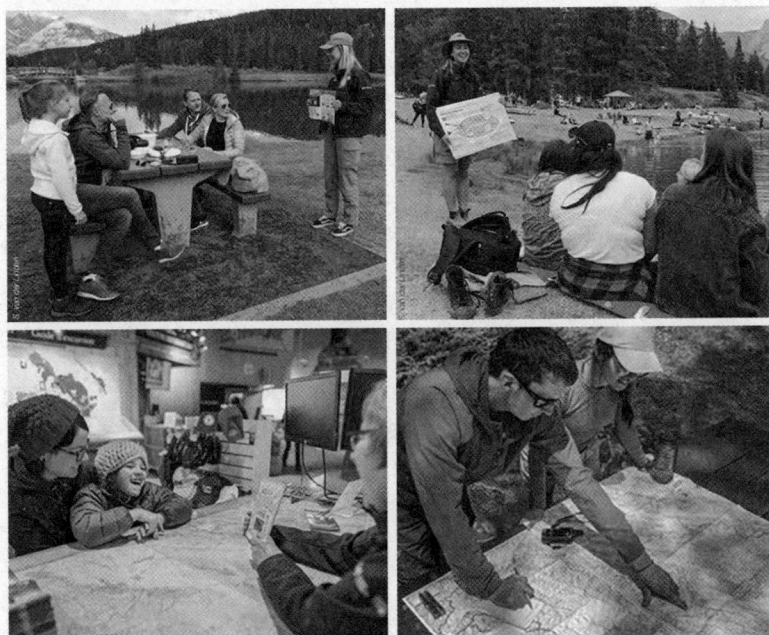

图 4-12　班夫国家公园丰富的节庆活动

（来源：https://www.pc.gc.ca/en/pn-np/ab/banff）

4.3 优胜美地国家公园（约塞米蒂国家公园）

优胜美地国家公园（又名约塞米蒂国家公园）（Yosemite National Park）地处美国西部加利福尼亚州，面积约达 1100 平方公里，在 1984 年被联合国教科文组织列入《世界遗产名录》。公园内景观多样，既有壮观的山脉，也有碧绿的河流，跨地中海气候与高原山地气候两带。该公园最著名的景点是半圆山丘和约塞米蒂瀑布，自然风光秀丽，每年吸引大量游客观赏。此外，该公园自然原始，栖息着各种野生动物，如鹿、松鼠、灰熊、黑熊、山狮、狼、狐狸等（见图 4-13）。

图 4-13 优胜美地国家公园美景

（来源：https://www.travelyosemite.com/）

4.3.1 与学校合作开展教育

公园与学校开展合作，开设相关网站，按照不同的教育主题，为不同层级的老师提供素材知识与教育材料等。依托这种方式，教师的教育活动更加丰富，更能吸引学生的兴趣，同时学生的知识面拓宽，视野范围变广，学到了更多关于自然的知识，这种方式促进了社区、群众、组织之间的互动与交流，有助于文化多元性的形成。每年到来的大量国内外游客，为开展自然教育活动提供了素材，而公园所具有的景观与对特定对象的满足能力，提升了游客的个性化参观体验，满足了游客的多元需求。

4.3.2 深度环境互动体验

4.3.2.1 博物馆和印第安村文化体验

虽然大多数人只想到优胜美地的自然奇观，但约塞米蒂及其周围的内华达山脉地区已有人居住了 3000 多年。可以在优胜美地博物馆和印第安村了解山谷的第一批人和博物馆展示的文物，并且随时提供演示文稿以进行演示和回答问题。博物馆就位于优胜美地村，在建筑物后面是一些树皮覆盖的住宅，以米沃克人使用的传统风格建造。

4.3.2.2 攀岩课和登山学校

众所周知优胜美地是攀岩胜地（见图 4-14），很多游客都是慕名而来，自1969 年起公园就开始提供登山指导，为此，优胜美地国家公园特别开设了攀登训练课，只要你对攀岩感兴趣都可以参加。攀登课程通常为七个半小时，每天上午8：30 在 Curry 村或 Tuolumne Meadows 的登山学校开会。课堂设计为按顺序进行，每个课程都基于前一天学到的知识。每位讲师的班级规模限制为 6 名学生，非父母指导的攀岩课程的最低年龄为 12 岁，10 岁和 11 岁的儿童可以与一名成年人指导的普通班一起上课，10 岁以下的儿童可以与成年人一起参加私人课程。

图 4-14　优胜美地国家公园攀岩

（来源：https://www.travelyosemite.com/）

4.3.2.3 导览巴士之旅

优胜美地导览巴士之旅是体验公园所有奇观的最佳方式。专业导游将与游客分享有关这个非凡地方的知识，重点是优胜美地的自然历史、土著人民、第一个非土著定居者和野生动植物（见图 4-15）。

图 4-15　导览巴士

4.3.2.4 优胜美地的传奇徒步之旅

优胜美地国家公园（Yosemite National Park）拥有1280多公里的出色远足径、一览无余的山峰和壮观的瀑布景色，针对经验丰富的徒步旅行者，提供带导游的一日徒步旅行，从几小时到全日游到半穹顶的长度不等（见图4-16）。此外，优胜美地为各种规模的团体提供定制的远足旅行。对于长时间的背包旅行，High Sierra 营地提供帐篷客舱和食物，让你在旅途中携带轻得多的背包。

图 4-16　优胜美地的传奇徒步之旅

（来源：https://www.travelyosemite.com/）

4.4 德国巴伐利亚国家森林公园

巴伐利亚地区国家森林公园（Bavarian Forest National Park）始建于1970年，位于现今德国巴伐利亚州境内多瑙河，伯尔默国家森林与德属奥地利的两个边境之间，它是1970年成立的德国第一个国家公园，也是中欧最大的国家森林自然保护区。这里，海拔从600米到1400米。在缓缓的山坡上，成片的山毛榉、云杉林，清澈的山涧小溪穿插在林间，也是多种珍稀野生动物的家园。公园里共有300公里的步行道和80公里的滑雪道。夏天去远足，冬天去滑雪，这里是理想的场所。

4.4.1 庞大的后援体系

今天的巴伐利亚国家森林公园共有200名员工，另外还有志愿者无偿为游客服务。游客来这里参观全部是免费的，年接待游客量达150万人次。园区内设有自然景观、动物园、旅店、停车场、游客中心、宣传资料。公园建设注重细节，突出人性化。公园最早提出了"让自然回归自然"的理念，这一理念最终成为德国所有国家公园的法定职责和管理目标。巴伐利亚州是德国农业、林业和旅游业发达地区，经济水平高，国家公园作为当地主要旅游资源，带动了服务业的发展，州财政每年投入大约1200万欧元作为公园人员费用和基础设施投入，用以维持公园的日常运作。公园以生态保护为总体目标，通过发展公众环境教育和永续旅游（Sustainable Tourism）达到生态、人、社区的和谐发展。

4.4.2 特色教育体验项目

4.4.2.1 野生动物园区

在"巴伐利亚国家森林公园"的野生动物园区设计中，公园区依照野生动物的不同习性，模拟野生环境，让游客近距离认识并欣赏濒危野生动物。这里还为游客设计了徒步、自行车、滑雪等行走线路，避开了动物栖息地。漫步于林间，线路指示、主要动植物、注意事项的标识图案简单明了、处处可见，避免过多信息干扰游客对自然的欣赏。为了让游客更多地了解公园信息以及购物，还建设了游客中心——"汉斯铁匠屋"。游客除可在此休息、购买纪念品外，还可以在这里的小型展览馆中了解公园发展历史、当地自然人文，学习森林、土壤等方面的基本知识，从而加深了游客对森林和自然环境的兴趣。园内的一处"林木步道"是欧洲之最。沿步道的缓坡，游客可步行从地面行至树顶达几十米的高度，体验者通过上行，可以从地面开始，近距离观察树冠以及树木从树干到树梢成长过程的变化情况。整个游览过程中，无论老少，甚至使用轮椅的残疾人，都可以轻松完成到达顶点，步道上还设计了索桥等供儿童游戏的小环节和介绍树木知识的展板。

4.4.2.2 法克斯塔恩环境教育中心

坐落在林间一片开阔的草场上的"法克斯塔恩环境教育中心"是巴伐利亚国家森林公园专门为接待国内外中小学生以及青年来这里开展"夏令营"交流学习活动而建设的。这里的设施包括一个主体活动中心，还有以水、土、草、树为主题的四个体验馆以及若干个来自世界各地青年修建的民俗屋。活动中心有供学生活动的大教室和工作坊，这里没有太多的教学和展示设施，实际上，青少年大部分学习是通过主题体验屋和民俗屋的自然发生来体验自然。该中心为前来体验的小学生开设为期一周的夏令营活动，活动没有专门的课程，老师也不出题目，而是把学生分到四个主题体验馆里住宿，让学生通过切身体会，发现问题，找到乐趣，如住在草馆的女生会在外面采各种野花铺床，充分发挥孩子的天性。每个馆有一位巡视老师，帮助解答学生的提问，活动最后学生要向大家汇报自己的学习成果。民俗屋虽然空间不大，但建筑工艺、内部陈设注重细节，充分展示了不同自然条件下所演化出来的不同的生活方式。此外，"中心"每两年举办一次"青年咖啡馆"活动，只有周末期间接待家庭和其他散客。

4.4.2.3 漫游线路网

巴伐利亚国家公园制定了完整的漫游线路体系，该线路长达300多公里，线路内地标清晰，为游客提供了清楚的指示。公园内有自行车道和滑雪道，让游客可以通过不同的方式领略不同季节的自然风光。同时公园内还设置了相应的配套措施来满足游客的需求，其中包括一个免费休息服务站——汉斯·艾森曼之家，还开放了许多户外场所供游客游玩。除此之外，公园还开辟了多条体验路、悬崖漫游区和森林历史漫游区，为游客提供了游览国家公园景点的最佳方式。

4.4.3 共建共享社区合作机制

在社区共建方面，园区与相关机构、周边村庄、旅游公司、公交公司建立了良好的协调发展关系和合作机制。例如，凡是从城市或某一个地方来巴伐利亚国家森林公园旅游的游客，凡持有公园游览免费卡的游客，都可免费乘坐发往公园的公交车。其乘客的费用均在居住的酒店按月统一核定，各酒店将需要支付的费用上缴到所在村（社区），由他们与相关的公交公司结算；当地从事以林为生的居民，自国家公园建立以后，通过协调和补偿放弃了原有的生活模式，结合公园旅游业的不断兴盛，大都开始经营餐饮、服务行业等。

4.4.4 重视环境教育理念

国家公园在保护区实施环境教育方面非常重视，无论接待哪一个旅游团体，尤其是中小学生，要突出以环境教育为根本，且有专门的工作人员和场所来开展此项工作。一些国家公园里还设有专门的博物馆，供公众学习、参观和使用，同时也积极与周边的社区、学校等联系，设计和实施一些本土性的环境教育活动。巴伐利亚国家公园的环境教育基地，构思和设计都很巧妙，建设了不同主题的营地，如草馆、树屋、水馆等，并邀请世界各地青少年来到这里建设自己国家的小屋。这些小屋和营地平时用于学生的环境教育和体验，周末和节假日还租赁给来国家公园旅游的游客住宿，实现了有效的利用。

此外，德国保护区的环境教育理念是很超前的，他们让孩子处于学习的主体地位，让孩子在活动中自己去发现问题，然后再找办法来研究解决。同时注重在自然中的直接体验，有机会让孩子们更多地来到大自然中实地感受、接触和学习，与中国之前的课堂学习相比，这是更好的直接性方式。德国保护区还积极与周边社区、学校联姻，经常会主动邀请社区和学校来到保护区参观和开展活动。所考察保护区的游客中心基本上都有环境教育的职能，里面都有小型的展览展示、介绍材料，甚至小型展馆等。相比之下，我国景区和国家公园的游客中心职能就显得太单一了，基本上只提供售票和旅游景点的服务信息，不具备环境教育的职能；我们很多的保护区工作也多数较重视保护和开发两个方面，对环境教育的关注度不够，此方面开展的工作不多，德国保护区的做法给我们带来很大的启示。

4.5 澳大利亚卡卡杜国家公园

卡卡杜国家公园地处澳大利亚北部，占地 131.6 公顷，为澳大利亚最大的国家公园。此处曾为土著自治区，于 1979 年成为国家公园，卡卡杜国家公园拥有茂盛的原始森林、多种珍稀野生动物、历史悠久的山崖洞穴以及洞崖上的原始壁画，并因此出名。卡卡杜国家公园植物种类繁多，具有科学研究价值。公园有优美的自然风光、人文历史，有澳大利亚所特有的树木，如大叶樱、南洋杉、棕榈林、松树林等（见图 4-17）。

图 4-17　澳大利亚卡卡杜国家公园众多品牌

（来源：https：//parksaustralia.gov.au/kakadu/）

4.5.1 特色体验项目

4.5.1.1 观赏原住民岩石艺术

2 万年前，卡卡杜是原住民岩石艺术之都，是世界上最古老的民族之一。我们可以在乌比尔和诺兰基等古老岩石艺术画廊中欣赏到这种艺术。经过 1 公里圆形步行轨道，可到达距离卡卡杜贾比镇 39 公里的乌比尔艺术遗址。透过画廊，能欣赏到世界上最精致的 X 光艺术典范。在乌比尔，爬上还不算陡峭的 250 米（820 米）纳达布观景台，在这里可以观赏到整个泛洪区所呈现出的令人瞠目咋舌的景观，日落时分更加壮观。诺兰基的岩石艺术也令人印象深刻。沿着 1.5 公里的诺兰基岩石艺术步道，穿过一个古老的原住民住所和杰出的艺术遗迹，可直通安班刚画廊。

4.5.1.2 乘船巡游

卡卡杜中心地区是湿地，拥有大量的珍稀动植物。黄水潭位于吉姆溪的尽头，是南鳄鱼河的一条重要支流，它被认为是澳大利亚野生动物最好的自然栖息地之一。游船每日从贾比出发，行驶 90 分钟或 120 分钟左右。提前预订日出或日落游船，有机会一睹湿地壮观的精彩瞬间。

4.5.1.3 游泳和观光飞机

吉姆吉姆瀑布和双子瀑布（Twin Falls）是卡卡杜瀑布（见图 4-18）最为惊叹的两条瀑布。到达吉姆吉姆瀑布的是一条未经开发的道路，从停车场出发，步行 900 米穿过季雨林和巨石才能走到瀑布水坑，四周环绕着 150 米高的壮观悬崖。凭借白色沙滩和凉爽水域，这里成为备受欢迎的游泳场所。双子瀑布是两条分裂瀑布，其从悬崖两边倾泻而下。观赏瀑布的最佳方式当属在峡谷间乘坐游轮，或者选择搭乘尽享一番美景。

图 4-18　澳大利亚卡卡杜国家公园瀑布

（来源：https://parksaustralia.gov.au/kakadu/）

4.5.1.4 开启公路旅行

卡卡杜国家公园是 550 公里自然线路的一部分。从达尔文出发，穿越湿地、峡谷和瀑布，可尽情享受这个充满本土文化的度假胜地。在 4 ～ 7 天的穿越卡卡杜国家公园的旅程中，可充分享受北端地区最棒的自然美景。你还可以徒步到加伦瀑布的顶端，畅游大自然的无边际泳池，在河上泛舟，穿越凯瑟琳峡谷。这里的道路完全封闭，仅适合出入两轮交通工具。

4.5.2 成熟的文化遗产管理

土著文化是卡卡杜文化价值的重要体现,公园十分重视对此文化的解说和宣传。在解说系统方面,园区高度重视丰富和更新多元化解说牌、培训解说人员、设置解说步道、提升陈列馆以及游客服务中心的水平。此外,鼓励土著人民继承其传统生活方式和民族语言,以保持其原有的地方特色(见图 4-19)。

图 4-19   澳大利亚卡卡杜国家公园文化遗产讲解

(来源:https://parksaustralia.gov.au/kakadu/)

4.5.3 公园原始景观复原

卡卡杜国家公园坚持"维持自然状态"的原则,针对那些原始景观正在退化或面临退化威胁的园区,实施景观复原工程、实施环境评估。在整个公园的规划和管理的各个阶段,对每一工程行为都进行了环境质量评估,尽可能地降低负面影响。此外,强化游客教育。居民与游客对公园的不正确使用是破坏环境的一大因素,如乱扔垃圾、携带宠物进入等。卡卡杜国家公园通过公园规章守则、互联网信息、讲解指示标志等方式来培养参观者的环保意识、旅游活动管理。通过建立完善的服务设施及明显的导览区域标识,减轻旅游活动对风景名胜区生态环境的负面影响。

4.5.4 重视游客教育管理

卡卡杜国家公园的规划与管理十分重视游客教育,从它的自然文化景观管理，到旅游活动的开展各方面都重视对游客的教育，不仅可以提高游客的自我保护意识，也能保证其对公园的正确使用（见图 4-20）。中国的森林公园也要对此借鉴，强化对游客的教育和管理，能够让游客在感受森林公园资源的同时，接受生态环境保护教育活动。

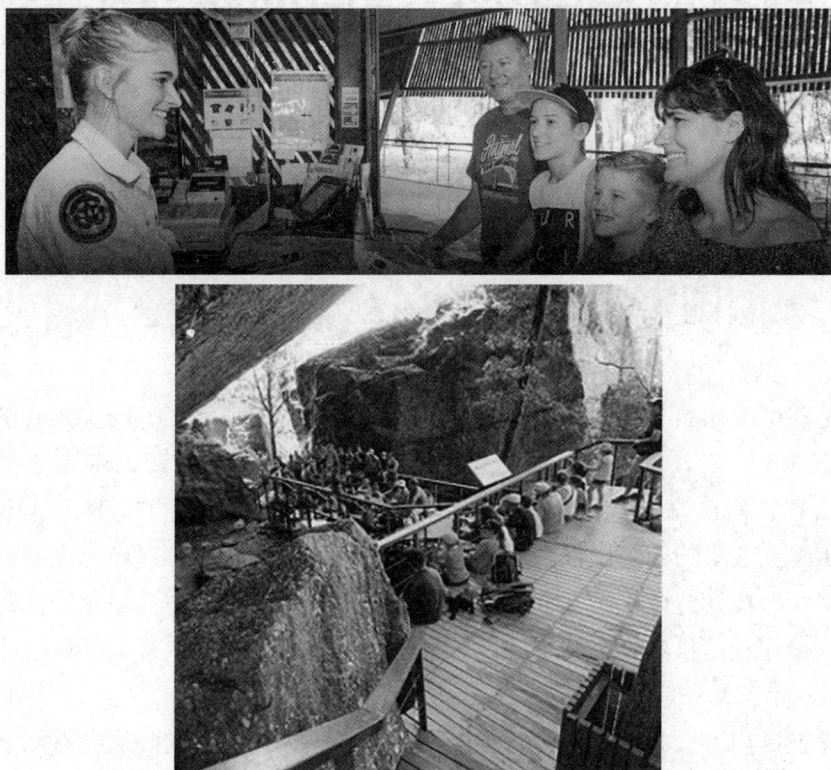

图 4-20　澳大利亚卡卡杜国家公园游客教育讲解

（来源：https://parksaustralia.gov.au/kakadu/）

5. 大熊猫国家公园自然教育现状

5.1 王朗国家级自然保护区

王朗国家级自然保护区位于绵阳市平武县内，距离平武县城 94 公里，距绵阳市 265 公里，距九寨沟环线公路 4.1 公里。地处青藏高原东缘的岷山南段，山高谷深，海拔 2400~4980 米，总面积 322.97 平方公里。建于 1965 年，是全国建立最早的四个以保护大熊猫等珍稀野生动物及其栖息地为主的自然保护区之一。地处全球生物多样性核心地区之一的喜马拉雅——横断山区，它保持着一个完整的自然生态系统，以其生物原始性、多样性、稀缺性和代表性而闻名。

保护区内有面积为 1.27 万公顷的森林，林中多云杉、红杉、冷杉、红桦、雪松，最高树龄长达 500~600 年，故有川西北高原"绿色屏障"之称。保护区内自上而下植物带谱明显，拥有丰富的野生动物资源——国家一级重点保护的野生动物七种（大熊猫、川金丝猴、牛羚等）。

目前开展的生态旅游活动有：早晨观鸟、穿越原始森林、漫步大熊猫栖息地、观花线路、蘑菇识别线路、登山、野外露营、晚间讲座等；并可以举办一般会议培训和青少年夏令营以及学生实习。

王朗保护区于 2011 年在森林自然教育领域就开始有所尝试。2013 年，山水学校成立，其探索自然，是所独特的学校。2015 年以来，保护区主要开展了四种具有王朗特色的自然教育活动。2020 年 7 月，大熊猫国家公园王朗自然教育基地入选大熊猫国家公园自然教育基地。

5.1.1 自然学堂

自然学堂也叫自然学校，四川王朗国家级自然保护区是华基金支持援建的第二批自然学校试点之一，是近年来环境教育发展的一个新方向，崇尚通过学习自然、体验自然、保护自然，让人们更加关注所生活的世界，从根本上理解和反思自然保护，践行绿色生活（见图 5-1）。2013 年年底，保护区与北京大学达成协议，由保护区筹资 150 万元，北大自然保护与社会发展研究中心根据保护区的实际情况和环境优势，提出"自然学堂"设计理念和设计方案，共同开展自然学堂建设。

图 5-1　自然学堂现场

5.1.2 自然科普画册和纪录片

近两年来，王朗自然保护区委托西南山地于 2019 年制作了自然科普画册《岷山秘境》和自然短片《岷山秘境 – 王朗》（见图 5-2）。春节前，该短片在成都首映，并在北京、广州、成都等地放映交流，观众反应热烈。这部关于本土物种性质的原始纪录片也在互联网平台上发布，与更多的人合作，探秘王朗，去了解更多关于生物多样性背后的故事，让大家看到平常所看不到的大自然。

图 5-2 《岷山秘境 – 王朗》

5.1.3 自然体验活动

5.1.3.1 "体验自然之美"主题活动（见图 5-3）

针对长假来王朗参加主题营期的小学生。保护区与营期组织者合作，在营期中融入体验王朗丰富自然生态的内容，让孩子亲身感受大自然的美和神奇，生发出喜爱自然的心意。

（1）牧羊坡观鸟：指导使用望远镜、教授寻找鸟儿的基本方法，描述常见鸟儿的典型特征。

（2）原始森林穿越：深度自然观察、识花物草、探索自然神奇奥秘。

（3）探索动物痕迹：识别动物粪便、觅食痕迹，思考动物行为与生态环境之间的关联。

（4）森林夜间课堂：红外相机里的"私生活"。

图 5-3 "体验自然之美"主题活动

5.1.3.2 主题冬夏令营

专门为 7~14 岁孩子量身打造的营期 "秘境之美" "与守护者对话" "做秘境小小守护者" "变身生活自然卫士" 主题冬夏令营如表 5-1 所示。孩子们可一起穿越原始秘境、跟随保护区守护者的步伐追寻熊猫踪迹、做小小科考队员、揭开王朗神秘面纱、成为一名秘境小小守护者（见图 5-4、图 5-5）。

表 5-1　王朗自然教育主题冬夏令营活动内容一览表

活动	内容
秘境之美	漫步冬季原始森林，发现秘境之美；参观豹子沟熊猫展厅，了解王朗国家保护区；晚上观看秘境王朗纪录片
与守护者对话	与守护者对话，采访时代英雄听听巡护员守护自然家园的故事；跟着巡护员徒步原始森林巡山
做秘境小小守护者	探访大样地做植物样地调查；在保护区专家带领下当一名生态小侦探：雪地寻找动物痕迹；足迹配对游戏；学习安装红外相机收集研究素材；晚上制作动物足迹印章
变身生活自然卫士	生态游戏启发思考，如何从秘境小小守护者变身生活中的自然卫士，守护共同的家园。结营仪式：颁发志愿者证书及奖章

图 5-4　小小守护者奖章

图 5-5　科学志愿者证书

5.1.3.3 科学志愿者

王朗多年来在假期招募一些高中生志愿者参与由北京大学、美国史密森学会、中科院山地所共同牵头的"岷山国家永久性大样地项目"的基础工作，同时也面向社会招募一些热爱自然生态的志愿者，参与保护区日常保护、调查、宣传工作，服务时间为1个月（见图5-6、图5-7）。

图 5-6　野外巡护监测

图 5-7　样方调查

5.1.3.4 国际研学班

保护区针对国际访问者开展的生态保护和自然体验活动，让国际友人入乡随俗，体验中国民族文化；通过体验自然教育，增强自然教育国际合作意识；通过相互交流沟通，学习国外的先进自然教育理念（见图5-8）。

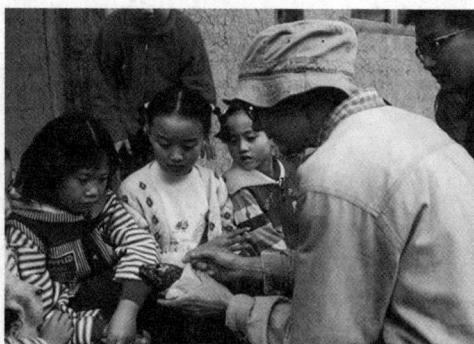

图 5-8　国际研学班

5.1.4 总结

纵观最近几年，保护区与北京山水自然保护中心展开合作。针对不同的对象（自然科学志愿者、中小学生自然体验、国际研学班级等），结合特色资源，开发了各类自然教育课程。平均每年成功组织、举办十多次各类自然科学教育户外实践体验活动，累计成功吸引、接待国内外的各类自然科学教育户外实践活动体验者 1000 余名，充分发挥了王朗自然保护区的资源优势。王朗保护区曾被多次评为环保部、教育部第二批全国重点小学环境教育社会实践活动基地、四川省最佳森林自然教育培训基地等（见图 5-9）。

图 5-9　奖章墙

王朗的自然教育已取得了一些成效，未来思考的发展方向为：如何针对本地社区发展本土化的自然教育、如何从孵化平台过渡至全方位的自然教育基地、如何发展区别于其他机构的王朗特色的自然教育等。

5.2 卧龙国家级自然保护区

卧龙国家级自然保护区位于四川省阿坝藏族羌族自治州汶川县西南部，始建于 1963 年，是国家级第三大自然保护区，总面积达 20 万公顷。被国家和四川省命名为"科普教育基地""爱国主义教育基地"，并于 2006 年 7 月世界遗产大会批准列入《世界遗产名录》的"卧龙·四姑娘山·夹金山脉"四川大熊猫栖息地最重要的核心保护区。区内动植物和矿产资源丰富，以"熊猫之乡""宝贵的生物库""天然动植物园"享誉中外。

5.2.1 卧龙大熊猫博物馆

卧龙大熊猫博物馆始建于 2001 年 5 月 20 日，占地面积 6900 平方米，建筑面积 2600 平方米。该博物馆主要陈列国家珍稀濒危植物标本，主要展示卧龙自然保护区的自然资源和生物多样性。卧龙大熊猫博物馆即卧龙自然与地震博物馆，设有三大展厅、多功能厅、活动厅，集前沿科技、公众教育、科普探秘等功能为一体，是全国科普教育基地，四川省爱国主义教育基地，四川省青少年森林自然教育实践示范基地。

卧龙自然与地震博物馆以大熊猫及熊猫文化为载体，以"亲近自然、感受自然、融入自然"为主题，以"爱护自然、保护环境""环保必须从娃娃抓起"为理念，以"吸引游客、留住游客"为目标，宣传、展现卧龙国家级自然保护区良好的自然生态和旅游资源，使进驻卧龙的游客感受到自然之美、自然之力、自然的博大精深！致力于推行自然科普教育，开展亲子活动、夏令营、冬令营以及研学旅行等形式多样的活动，让孩子们在亲近自然、感受自然的同时，认同并接受热爱自然、保护环境的理念。

5.2.2 自然教育活动

目前在我国各级自然保护区开展的自然教育活动，根据其性质，可分为公益性和经营性两种。在国内，自然教育并未形成独立学科并纳入学校课程，因此，自然教育活动是由相关自然教育机构来实施完成的。

众所周知，社区居民与自然保护区的关系密切，其相互依存、共同发展。因此，自然保护区管理的成败与当地居民的支持、认同与否有着重大的联系。这也使得在自然保护区周边社区开展自然教育活动显得尤为必要。

卧龙自然保护区公益性自然教育活动与经营性自然教育活动的比较如表5-2 所示。

表 5-2   卧龙自然保护区公益性自然教育活动与经营性自然教育活动的比较

内容	公益性自然教育活动	经营性自然教育活动
实施主体	保护区基层保护站	外来自然教育机构
资金来源	专项资金	活动收入
活动目的	宣传教育	盈利为主，教育为辅
受众	保护区周边社区居民及中小学学生、城市公众	城市公众
活动时间	周末、节假日、寒假和暑假均可	较长的假期，如"五一"、国庆和暑假
活动场所	可选择范围广，保护区周边林地、社区等均可开展	固定的几条线路
自然导师团队	基层保护站工作人员	自然教育机构从业人员
自然导师团队特点	团队稳定，了解保护区及周边社区整体情况，实践经验丰富，队员约束力强	团队不稳定，人员流动性大，队员约束力差
对保护区的影响	对保护区整体环境造成的破坏性小；有利于提高保护区在周边社区的影响力，树立保护区的正面形象，有效维护保护区和社区的和谐发展	一定程度上提升了保护区在社会上的知名度，但对环境造成的污染和植被的破坏严重
对周边社区的影响	提升社区居民的自然保护意识，对保护区及周边社区的友好发展有所助力	一定程度上提高了当地居民的经济收入

5.2.2.1 公益性自然教育活动

卧龙自然保护区的公益性自然教育活动起步较晚。2018 年，在香港海洋公园保育基金（Ocean Park Conservation Foundation of Hong Kong，OPCFHK）的支持下，卧龙自然保护区三江保护站在汶川县三江小学率先开展了近 6 个月的公益性自然教育活动。2019 年，三江保护站在卧龙特区（管理局）的支持下，组织并成立"卧龙自然教育三江学堂"，以社区为切入点，不定期地在汶川县三江镇范围内，开展面向当地青少年学生的公益性自然教育活动，活动形式包括自然手工、自然游戏、夏令营、亲子营等，活动时间也相对灵活，包括周末、节假日、暑假和寒假。导师团队主要来源于保护区的工作人员，活动场所主要是缓冲区外围及周边社区（见图 5-10）。

图 5-10　卧龙自然教育三江学堂教育进社区

5.2.2.2 经营性自然教育活动

当前，卧龙自然保护区范围内实施的经营性自然教育活动主体主要是外来自然教育机构，其资金来源于活动收入，受众则以城市人口为主，包括成人、中小学生、亲子家庭及社会团体等，活动时间以节假日和暑假居多。其师资队伍主要由自然教育机构从业人员组成，保护区基层保护站的护林员和科研人员有时也参与其中，负责线路引导和环境解说等。

（1）亲子游。

家长带孩子一起旅游：目的在于使孩子和家长亲近自然、了解自然，并从中增进父母与孩子的关系。这样的活动不仅提高了他们积极探索世界的兴趣，也使其身心健康发展。亲子游行程：参观中华大熊猫苑——参观博物馆——篝火晚会；野外生态观察——熊猫舞蹈——总结分享。参观中华大熊猫苑，了解大熊猫研究及保育状况，观察大熊猫的生活习性；通过参观博物馆了解卧龙生态圈、生物多样性，了解大熊猫及伴生动植物，了解卧龙植物及花卉，演绎《熊猫妈妈历险记》，观看"野性卧龙"及野生动物精彩视频；晚上参加篝火晚会体验藏羌民族风情；去邓生沟欣赏原始森林生态景观；模仿大熊猫各种憨态可掬的动作，由孩子们自由演绎，尽情发挥；最后总结分享，让孩子们理解自然法则，传播环保理念（见图 5-11）。

图 5-11　亲子游

（2）研学旅行。

在卧龙自然与地震博物馆中，同学们可以了解和学习卧龙国家级自然保护区内大熊猫的生活习性、国家濒危珍稀动植物、地质地貌、地震与防震减灾等丰富的知识。体验"地震逃生模拟"，增强防震减灾意识，通过演绎"熊猫妈妈历险记"情景剧更为生动形象地了解大熊猫及其伴生动物的生活习性。观看"野性卧龙"视频，了解卧龙高山森林生态系统，引发同学们对"人与自然关系"的思考。

（3）冬夏令营。

冬夏令营活动绝不只是享受，而是一种感受，是人生的体验。在卧龙国家级自然保护区，不仅能感受到独特的高山森林生态系统，还能近距离观察大熊猫，了解大熊猫及其伴生动植物。在大自然中，通过自然导师的引导，感受自然、欣赏自然，使孩子们回归最本真的自我。在系列体验中，引导孩子与自然建立新的链接，强调独立能力、团队合作等品质的培养，关注每个孩子的成长，分享成长的喜悦（见表5-3、图5-12）。

表5-3　冬夏令营主题活动及内容一览表

活动	具体内容
走进熊猫王国	前往卧龙；开营仪式；参观卧龙自然与地震博物馆；《熊猫妈妈历险记》情景剧创作与准备；地震逃生演习
我是小小饲养员	中华大熊猫苑义工服务；篝火晚会设计与准备
大熊猫原生境探秘	LNT（无痕山林）徒步；考察大熊猫栖息地；认识动植物；自然观察；生态游戏；情景剧彩排；露营（博物馆帐篷宿营）
原住民探访	自然小记者；原住民探访；自然手工与自然艺术创作；藏家绿色午餐；主题体验：团队合作与信任；生态知识竞赛；篝火晚会
结营仪式	情景剧演出；分享总结；颁奖仪式；闭营

图5-12　冬夏令营

5.2.3 总结

（1）自然教育活动多样、认可度高。

通过开展丰富多彩的自然教育活动，给卧龙保护区带来了一定的成效。如"四川卧龙国家级自然保护区青年实习计划"，每年从粤港两地大学生中选拔学生（30~40 名）前往卧龙的邓生保护站、自然与地震博物馆、大熊猫研究中心、宣传部、旅游局等部门开展为期 4 周的顶岗实习。目前，该项活动已顺利实施 3 年（届），逐渐成为卧龙保护区生态文明建设事业对外展示、交流的窗口，也成为增强川粤港青年交流和学习的纽带，该项目成功入选《中国科协2018 年全国科普教育基地优秀科普活动案例汇编》；"邓生自然课堂"是邓生保护站利用站内宣教中心、设备设施，依托保护站周边自然环境，结合巡护、监测、科研等日常工作，根据不同工作人员优势、特长打造的主要针对青少年（亲子）的综合性自然教育课程，已累计开展各类活动 240 余场（期）、受众近 3000 人。同时，有关研学机构、社会组织等也开始在卧龙保护区内投资打造自然教育基地、开发相应课程，并培养本土人才。

（2）机构不健全，专业人才缺乏。

目前，卧龙保护区没有专门负责自然教育的机构（部门），也没有配备专职（兼职）工作人员，自然教育活动的开展处于自发、被动状态。同时，在该保护区开展自然教育活动有别于传统的科普宣传、室内讲解、展板展陈等，它需要从业者具备较强的专业知识、较高的自然环保意识以及丰富的从业经验，而这方面的专业人才仍极其短缺。

（3）活动研发滞后，缺乏核心竞争力。

由于卧龙保护区辖区内自然教育处于起步阶段，主要采取"保护区＋研学机构"的合作模式，虽然取得了一定成绩，但仍然存在着体系简单、形式单调等问题。研学机构面临项目单一、市场不稳定等困扰。目前，针对不同需求、结合自身特点而开发的具有自主产权、特色的自然教育活动（课程）仍然不足，而且活动过程中的互动性、参与性、趣味性、延伸性仍然不够，没有形成卧龙保护区自然教育的品牌，缺乏核心竞争力。

（4）功能布局不尽合理。

自然教育活动的开展需要配套必要的、针对性的硬件设施、设备，如宣传教育中心、标识牌、声像设施、解说系统、LOGO 及网站等。虽然卧龙保护区辖区的交通、通信、房屋、步道等基础设施及车辆、电脑、野外终端等设备有了极大改善，但现有的设备、设施，特别是在功能布局、针对性上仍然不适应自然教育活动的开展，需要进行优化、提升和改造。

5.3 唐家河国家级自然保护区

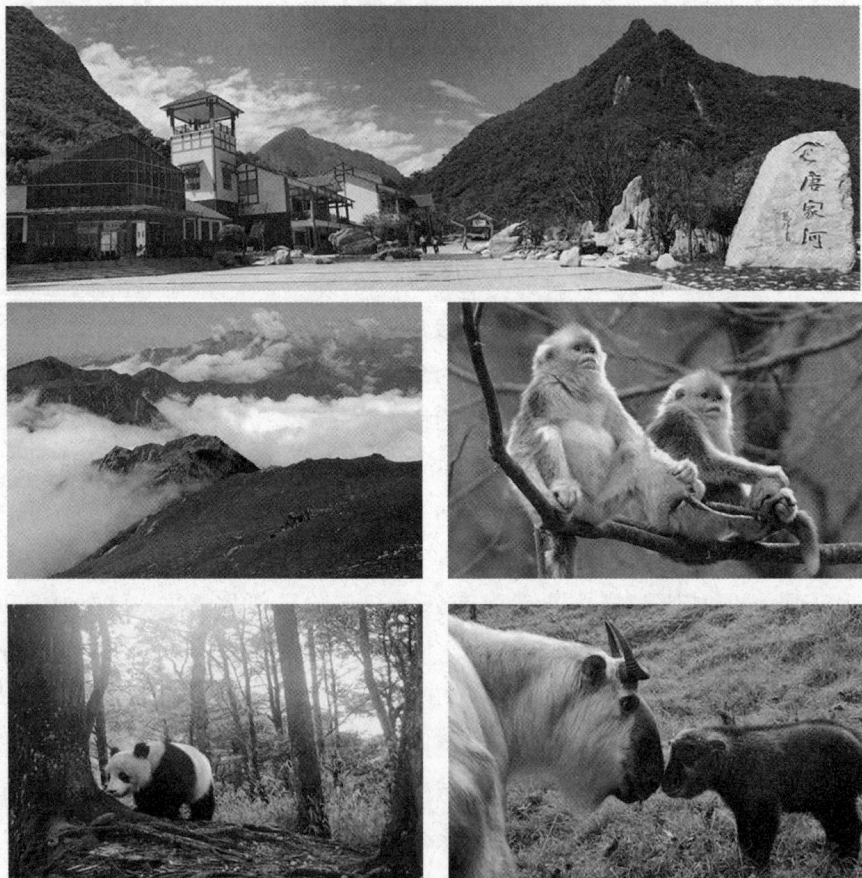

图 5-13　唐家河自然保护区

（来源：唐家河自然保护区管理处）

唐家河国家级自然保护区位于四川省青川县内，地处岷山东北麓，龙门山北段的高山峡谷区，最高海拔 3837 米，相对高差 2400 多米，面积 4 万公顷。保护区内风光秀丽，景色宜人，自然风光和人文历史皆存，令人神往，是以大熊猫及其栖息地为主要保护对象的森林和野生动物类型的国家级自然保护区。此外，丰富的动植物资源使其被誉为"天然基因库""生命家园"和岷山山系的"绿色明珠"。2015 年 1 月，它被列入首批《世界自然保护联盟（IUCN）绿色名录》，是全世界低海拔地区野生动物遇见率最高的地方之一（见图 5-13）。

5.3.1　自然环境教育

随着公众对唐家河保护区的关注度越来越高，为开阔到访者的视野，提升到访者的环境保护意识，近年来积极开展自然环境体系建设，多次开展自然环境教育活动。被列为广元市科普教育基地，荣获"青少年森林自然教育示范基地"称号。

唐家河拥有"天然基因库"作为得天独厚的自然环境教育场所，保护区另设 7 座主题科普馆（现已建成 3 座主题体验馆），9 条主题解说步道、详细的生态解说标识牌及完善的自然环境教育基础配套设施。

大熊猫体验馆如图 5-14 所示。唐家河自然博物馆如图 5-15 所示。

图 5-14　大熊猫体验馆　　　　　　图 5-15　唐家河自然博物馆

唐家河拥有一套自主研发的自然环境教育教材和自然笔记（见图 5-16），并设计印制了多种动植物以及鸟类科普手册、折页等配套资料。

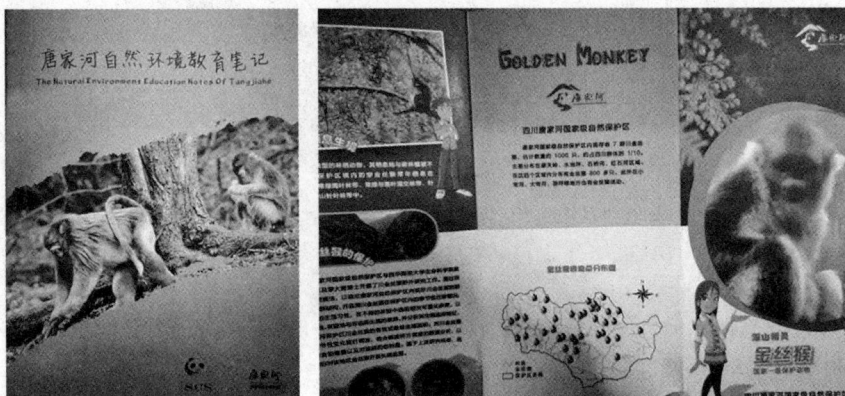

图 5-16　自然环境教育教材和自然笔记

唐家河拥有一支具备丰富动植物知识和野外检测经验的自然环境教育导师团队（如图 5-17）；拥有对外开放的自然环境教育平台，可开展科研志愿者招募，搭建了志愿服务与自然教育的桥梁。

图 5-17　环境教育导师团队

唐家河自然环境教育志愿者活动能够让人们了解自然保护和生态保护工作的重要性，呼吁更多的人投入生态自然保护事业中，为生态自然保护事业贡献力量。

5.3.2 自然环境教育课程

唐家河国家级自然保护区拥有丰富的自然环境课程，面向亲子、学生、社会团体进行授课。保护区可针对学校及社会团体定制专属的自然探索与体验课程，同时承接青少年冬夏令营课程定制（见表 5-4、图 5-18、图 5-19、图 5-20、图 5-21）。

表 5-4　自然环境教育课程类型一览表

自然探索课程	植物主题课程	社区体验课程
深度科考体验课程	森林生态系统课程	自然手作课程
兽类寻踪及调研课程	大气及水课程	自然游戏课程
鸟类导赏及调研课程	天文地质课程	自然音乐课程
昆虫课程	野外拓展及救护课程	自然科学实验课程
两栖爬行动物课程	保护区工作体验课程	艺术创作课程

图 5-18　安装红外线相机　　　　图 5-19　导师讲授　　　　图 5-20　参观讲解

图 5-21　自然手作及社区体验活动

5.3.3 总结

唐家河坚持走生态优先、绿色发展的新路子，着力建设一批中国特色的自然科普教育基地，推动自然科普教育、研学、旅游深度融合。保护区根据科普教育基地建设总体规划，不断优化景区空间布局，丰富游览项目，为游客带来更好的体验；完善景区栈道沿线典型动植物标识、标牌及扫码服务，突出科普趣味；优化景区"亭""园""廊"的空间布局，重塑展馆的功能，完善园区环形走道、出入口等基础设施，建立树木管理体系，并结合青年研学旅行的需求，开发和设计配套产品。

5.4 雅安大熊猫国家公园

5.4.1 自然教育先行试验区

雅安市荥经县是大熊猫国家公园南入口所在地，2020 年 7 月 17 日，荥经县被正式授予"大熊猫国家公园（四川）自然教育先行试验区单位"的荣誉牌匾，成为四川第一个大熊猫国家公园自然教育先行试验区。

发展自然教育，荥经有着无可取代的生态优势。这里森林覆盖率达80.3%，有世界最大的 30 万亩野生珙桐群落、全国最大的古桢楠群、"中国最美古树——桢楠王"和"全国十大最美森林古道"大相岭森林古道、亚洲最大360° 观景平台牛背山，是全球 34 个生物多样性保护热点地区之一，被学术界称为"天然的生物基因库"和"动植物博物馆"，更是"大熊猫国家公园"南部重要区域。28 只野生大熊猫在荥经生活、3 只大熊猫在进行野化放归训练，挞挞面、棒棒鸡等特色小吃让人回味无穷，国家非物质文化遗产—荥经黑砂在这里焕发出新的活力。

5.4.2 自然教育项目

5.4.2.1 丝路砂都国际营地（见图 5-22）

该项目将黑砂文化与古城遗址相结合，在严道古城建造黑砂主题研学营地，规划了黑砂博物馆、营火剧场等项目，并设立了研发中心和熊猫文创与自然教育项目孵化中心。建设完成后，营地的接待能力将得到进一步的提升，是集产品研发、项目孵化、人才培养、项目运营管理为一体的大本营。它也是一个"中转站"，用于将乘客转移和辐射到其他项目，并作为支持荥经自然教育发展的集散中心。

图 5-22　丝路砂都国际营地

5.4.2.2 熊猫森林国际探险学校

在龙苍沟国家森林公园已有设施的基础上，打造了大熊猫国家公园内的第一所自然学校。营地规划有森林自然教育工坊、艺术空间等项目，并配备森林木屋、森林餐厅、森林图书馆、森林观测站等设施。建成后，将用于森林研究和自然教育教员的培训（见表 5-5、图 5-23、图 5-24、图 5-25）。

表 5-5　熊猫森林国际探险学校活动及内容一览表

活动	具体内容
暑期森林观鸟科学营	从鸟类基本知识到科学分类法；从鸟类仿生学到无人机飞行奥秘；从鸟巢搭建到设计力学课题研究
好奇剧场	利用树木天然的高低落差，形成一个围合式戏剧空间。舞台上方为观众席，孩子们坐在观众席上，追光灯会从观众席后方的圆形树屋上映射在舞台中央，让观众与演员近距离互动
木作工坊	从"认识树的一生"到"顺应树形的创造"，归根到"理解森林的原动力"，以生命理解出发，以创意木作结束，这整个过程的体验，我们称之为"森林创生"，让森林在思考与创造中得到新的解读

图 5-23　暑期森林观鸟科学营

图 5-24　好奇剧场

图 5-25　木作工坊

5.4.2.3 大相岭茶马古道

作为中国历史深厚的商贸古道——茶马古道，是历史上一条自然探索之道。荥经计划沿茶马古道原址生态修复一条长17.3公里的徒步线路，用于开展户外徒步体验和自然科普活动。

大相岭是雅安重要的地理分界线，亚热带植物基因库，全国第二个大熊猫野化放归基地所在地，大熊猫国家公园内连接邛崃山系大熊猫栖息地的唯一廊道……在这里打造了大熊猫国家公园内第一条自然解说道路。

自然形成的树瘤，在大自然鬼斧神工下，把它幻化成抱树的神猴，等着好奇的人们去发现（见图5-26）。

图 5-26　聆听山毛榉的心跳

竹林秘境，它们不仅是此区域内野生大熊猫的美味，也是野生大熊猫活动的指示剂，竹林生长密度的细微变化，影响着区域内野生大熊猫活动的季节性变化。

5.4.2.4 古城田野自然学校

古城田野自然学校是在严道古城遗址上重新打造的中国第一所特色田野劳动实践教育和自然主题劳动教育有机结合的综合性学校。古城田野自然学校采用定班定点的方式，用30余块田园开展自然教育和田野劳动实践教育的"一亩园"，每亩园可供一个班的学生进行劳动实践，打造了田间生态解说径、农耕文化长廊和田间科学坊等配套设施（见图5-27）。

图 5-27   古城田野自然学校劳动教育

5.4.3 总结

通过三年多的大熊猫国家公园体制试点建设，荥经形成了以大熊猫国家公园体制试点建设为主导的经济社会发展新格局。以国家公园建设为重点，开展生态保护、产业培育和项目建设。以大熊猫国家公园南入口社区建设为主体，形成了国家公园＋政府＋当地居民的"NPL"公园共建模式。以发展全球自然教育为战略起点，坚持自然教育与文旅产业融合，坚持自然教育与大熊猫国家公园体制试点同步推进，努力把荥经建设成为成渝自然教育机制最灵活、载体最多、产品最好、国内代表性最强、世界知名度最高的全域自然教育目的地。

6. 自然教育需求问卷调查分析

6.1 大熊猫国家公园自然教育感知问卷设计

为了解公众对大熊猫国家公园自然教育感知及对环境意识等信息，编制了此次调查问卷。问卷共设 36 道小题。本团队在 2020 年 8 月进行了网络问卷调查，9 月在中小学学校门口进行了实地问卷调查，两次共发放问卷 310 份，回收301 份，其中有效问卷 295 份。对问卷数据用 SPSS19.0 软件进行了录入分析处理。采用小范围重测法，为保证调查问卷结果的可靠性，对调查结果进行了信度检验，前后两次填写选项的重复率达 90%，说明问卷的可信度较高。为确保问卷的有效性，对调查问卷进行了效度检验，以减小随机误差，计算得知 KMO值为 0.885>0.5，巴特利球形检验 P 值小于 0.05，结果表明问卷结构效度良好。

6.2 受访者样本特征分析

本部分针对受访者性别、教育程度、月收入、年龄、职业 5 个方面进行了人口统计学调查，综合分析了游客特征，描述如下：

本次《关于大熊猫国家公园自然教育认识的问卷》一共调研了 295 个人，其中男性比重为 34.9%，女性比重为 65.1%，男女比例大概为 1∶2；且大多数受过高等教育，月收入基本在 2500 元以下（见表 6-1）。

表 6-1　人口统计学特征

类别		人数（人）	占比（%）
性别	男性	103	34.9
	女性	192	65.1
教育程度	初中及以下	68	23.1
	高中	44	14.9
	大专 / 大学	121	41
	硕士及以上	62	21
月收入	2500 元及以下	201	68.1
	2500~5000 元	50	16.9
	5000~7500 元	22	7.6
	7500~10000 元	11	3.7
	10000 以上	11	3.7

　　受访者的职业结构呈多元化状态。其中主要以中小学生、大学生为主，占总人数的 66.5%，此外，公司职员、事业单位职员和公务员及其他职业分别占总人数的 13.90%、9.20%、6.10%（见图 6-1）。

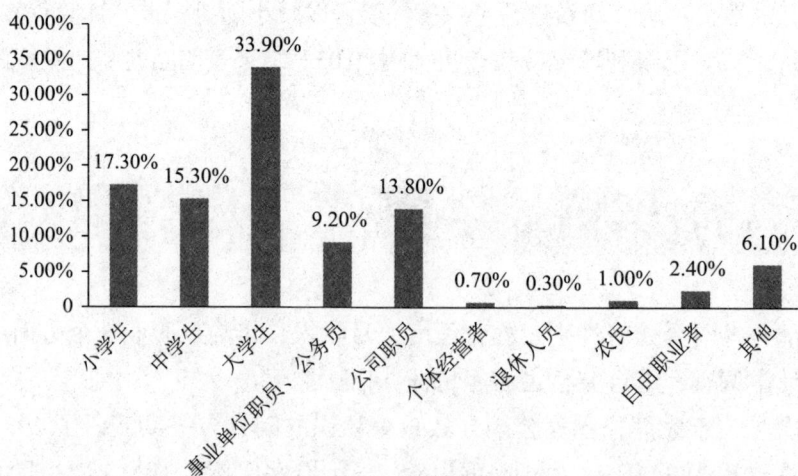

图 6-1　受访者职业情况

从受访者年龄构成中，发现 19~25 岁年龄段的人数最多，约占总人数的 49.80%，其次是 13 岁以下和 13~18 岁年龄段的人，占总人数的 17.50%、15.30%，26~35 岁、36~45 岁、46~55 岁和 55 岁以上的人群分别占总数的 5.50%、8.10%、2.40%、2.40% 和 1.40%。从总体上看，0~25 岁年龄段的游客占总人数的 82.70%（见图 6-2）。

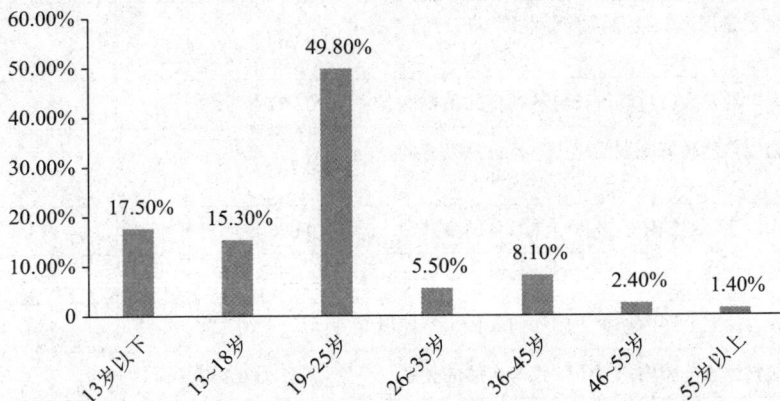

图 6-2　受访者年龄情况

6.3 因子分析

利用主成分分析法对 28 项测量指标进行探索因子分析，根据特征值大于 1 的原则提取了 6 个公因子，累计方差贡献率 67.547%，分别命名为"对自然教育开展方式的重要性的感知（F1）""自然教育需求内容（F2）""对大熊猫国家公园自然教育的总体感知（F3）""对自然教育的感知（F4）""对大熊猫国家公园自然教育开展现状的感知（F5）""保护环境的意识（F6）"。

旋转成分矩阵表如表 6-2 所示。

表 6-2 旋转成分矩阵

	成分					
	1	2	3	4	5	6
12. 您认为以开展的游览活动进行自然教育的重要性	0.779					
14. 您认为以自然课堂进行自然教育的重要性	0.769					
10. 您认为以景区发放的自然教育宣传册进行自然教育的重要性	0.769					
11. 您认为以导游人员讲解进行自然教育的重要性	0.757					
13. 您认为以自然教育基地的建设进行自然教育的重要性	0.735					
16. 您认为以实地巡护体验进行自然教育的重要性	0.696					
15. 您认为以在线自然教育进行自然教育的重要性	0.672					
21. 在大熊猫国家公园内您想了解如何保护生态环境		0.764				
20. 在大熊猫国家公园内您想了解人与自然的关系		0.753				
23. 在大熊猫国家公园内您想了解当地人文历史知识		0.751				
22. 在大熊猫国家公园内您想了解游览路线特色介绍		0.703				
24. 您是否愿意参加自然教育类活动		0.626				
19. 在大熊猫国家公园内您想了解大熊猫等方面的科学知识		0.599				
25. 您是否愿意关注一些自然教育类公众号		0.467				
3. 您了解大熊猫自然保护区的范围有哪些吗			0.801			
4. 您对一些基础的自然知识清楚吗			0.793			
5. 您了解什么是自然教育吗			0.778			
1. 您了解大熊猫的生物学特性吗			0.744			
2. 您了解大熊猫国家公园吗			0.738			
8. 自然教育是走进大自然教学活动				0.861		
7. 自然教育是自然知识教学活动				0.829		
9. 自然教育是利用自然资源教学活动				0.790		
6. 自然教育是在户外进行普通教学活动				0.725		

续表

	成分					
	1	2	3	4	5	6
27. 您觉得大熊猫国家公园自然教育活动丰富性					0.910	
28. 您觉得大熊猫国家公园自然教育活动趣味性					0.888	
26. 您觉得大熊猫国家公园关于自然教育开展现状如何					0.815	
18. 在大熊猫公园对别人产生的垃圾您会默默捡起						0.750
17. 在大熊猫公园对自己产生的垃圾您会打包带走						0.488

描述统计量表如表 6-3 所示。

表 6-3　描述统计量

	N	极小值	极大值	均值	标准差
对自然教育开展方式的重要性的感知	295	1.00	5.00	3.9927	0.70540
自然教育需求内容	295	1.00	5.00	4.0828	0.65029
对大熊猫国家公园自然教育的总体感知	295	1.00	5.00	2.6583	0.74313
对自然教育的感知	295	1.00	5.00	3.6466	0.79747
对大熊猫国家公园自然教育开展现状的感知	295	1.00	5.00	3.4249	0.85863
保护环境的意识	295	1.00	5.00	4.1390	0.73379
总体量表	295	1.00	5.00	3.6771	0.49645

　　分析结果得出对自然教育开展方式的重要性的感知平均值接近于 4，4 分代表比较重要，说明以上的自然教育宣传方式大家都认为比较重要；自然教育需求内容平均值为 4，4 分代表愿意，说明以上内容大家都想了解；对大熊猫国家公园自然教育的总体感知平均值为 2.66，2 分代表不了解，3 分代表一般了解，说明总体上大多数人对大熊猫国家公园自然教育处于不太了解状态；对自然教育的感知平均值为 3.65，3 分代表一般同意，4 分代表同意，说明总体上对自然教育的感知处于一般认同的状态；对大熊猫国家公园自然教育开展现状的感知平均值为 3.42，3 分代表一般，说明大家大熊猫国家公园自然教育开展现状较为一般；保护环境的意识平均值为 4.14，4 分代表愿意，说明大家的

环保意识较高。

其中对自然教育开展方式的重要性的感知在六个因子中的综合得分最高（见表 6-4）。

表 6-4　综合得分

因子与问题项	均值	特征值	方差贡献率
对自然教育开展方式的重要性的感知（F1）	27.96	4.737	16.919%
开展的游览活动进行自然教育的重要性	4.05		
以自然课堂进行自然教育的重要性	4.04		
景区发放的自然教育宣传册进行自然教育的重要性	3.86		
导游人员讲解进行自然教育的重要性	3.99		
自然教育基地的建设进行自然教育的重要性	4.13		
实地巡护体验进行自然教育的重要性	4.11		
在线自然教育进行自然教育的重要性	3.78		
自然教育需求内容（F2）	28.58	4.096	14.628%
在大熊猫国家公园内您想了解如何保护生态环境	4.08		
在大熊猫国家公园内您想了解人与自然的关系	4.08		
在大熊猫国家公园内您想了解当地人文历史知识	4.02		
在大熊猫国家公园内您想了解游览路线特色介绍	3.96		
您是否愿意参加自然教育类活动	4.22		
在大熊猫国家公园内您想了解大熊猫等方面的科学知识	4.34		
您是否愿意关注一些自然教育类公众号	3.88		
对大熊猫国家公园自然教育的总体感知（F3）	13.29	3.147	11.239%
您了解大熊猫自然保护区的范围有哪些吗	2.49		
您对一些基础的自然知识清楚吗	2.91		
您了解什么是自然教育吗	2.64		
您了解大熊猫的生物学特性吗	2.58		
您了解大熊猫国家公园吗	2.67		

续表

因子与问题项	均值	特征值	方差贡献率
对自然教育的感知（F4）	14.59	2.828	10.100%
自然教育是走进大自然教学活动	3.86		
自然教育是自然知识教学活动	3.67		
自然教育是利用自然资源教学活动	3.78		
自然教育是在户外进行普通教学活动	3.28		
对大熊猫国家公园自然教育开展现状的感知（F5）	10.27	2.539	9.006%
您觉得大熊猫国家公园自然教育活动丰富性	3.46		
您觉得大熊猫国家公园自然教育活动趣味性	3.46		
您觉得大熊猫国家公园关于自然教育开展现状如何	3.35		
保护环境的意识（F6）	8.28	1.643	5.834%
在大熊猫公园对别人产生的垃圾您会默默捡起	3.78		
在大熊猫公园对自己产生的垃圾您会打包带走	4.50		

6.4 人口统计学特征的差异分析

通过选取性别、年龄、教育程度、职业、月收入等不同人口学特征指标，基于调查数据，采用独立样本 T 检验和单因素方差分析方法，从上述不同个体特征出发对自然教育开展方式的重要性的感知、自然教育需求内容、对大熊猫国家公园自然教育的总体感知、对自然教育的感知、对大熊猫国家公园自然教育开展现状的感知、保护环境的意识等 28 个变量进行分析。

6.4.1 不同性别

男性和女性在对自然教育开展方式的重要性的感知、自然教育需求内容和保护环境的意识等方面（<0.05）存在显著差异，其中在对自然教育宣传方式

的重要性的感知、自然教育需求内容方面更为明显（<0.01），且女性高于男性（见表6-5）。

表6-5　男性和女性差异分析

	性别		T检验	Sig
	男	女		
对自然教育开展方式的重要性的感知（F1）	3.80	4.10	−3.576	0.000
自然教育需求内容（F2）	3.91	4.17	−3.377	0.001
对大熊猫国家公园自然教育的总体感知（F3）	2.59	2.69	−1.086	0.278
对自然教育的感知（F4）	3.59	3.68	−0.934	0.351
对大熊猫国家公园自然教育开展现状的感知（F5）	3.43	3.42	0.081	0.935
保护环境的意识（F6）	3.99	4.22	−2.488	0.013

6.4.2 不同年龄

在对自然教育需求内容、大熊猫国家公园自然教育开展现状的感知、保护环境的意识等方面（<0.05），说明不同年龄段的群体存在显著差异。

在对自然教育需求内容方面，18岁以下的人感知较低；在对大熊猫国家公园自然教育开展现状的感知方面，13~18岁、46~55岁的人感知较低。保护环境的意识方面，56岁以上的人感知最低（见表6-6）。

表6-6　不同年龄差异分析

	年龄							F	Sig
	13岁以下	13~18岁	18~25岁	26~35岁	36~45岁	46~55岁	56岁以上		
对自然教育开展方式的重要性的感知（F1）	3.78	3.99	4.04	3.87	4.30	3.73	4.10	1.955	0.072
自然教育需求内容（F2）	3.92	3.86	4.11	4.64	4.39	4.04	4.25	3.467	0.003
对大熊猫国家公园自然教育的总体感知（F3）	2.53	2.70	2.64	2.81	2.75	2.80	2.90	0.573	0.752

	年龄						F	Sig
	13岁以下	13~18岁	18~25岁	26~35岁	36~45岁	46~55岁	56岁以上	
对自然教育的感知（F4）	3.66	3.72	3.61	3.66	3.79	3.21	3.94	0.689	0.658
对大熊猫国家公园自然教育开展现状的感知（F5）	3.49	3.06	3.52	3.50	3.50	2.86	3.50	2.325	0.033
保护环境的意识（F6）	4.24	4.36	4.02	4.34	4.23	3.57	3.38	2.574	0.019

6.4.3 受教育程度

在对自然教育开展方式的重要性的感知、自然教育需求内容、保护环境的意识等方面值小于 0.05，说明不同教育程度的群体存在显著差异。受教育程度越高，感知越高（见表 6-7）。

表 6-7　不同教育程度差异分析

	受教育程度				F	Sig
	初中及以下	高中	大学/大专	硕士及以上		
对自然教育开展方式的重要性的感知（F1）	3.78	3.97	4.06	4.11	3.091	0.0427
自然教育需求内容（F2）	3.91	3.94	4.10	4.35	6.038	0.001
对大熊猫国家公园自然教育的总体感知（F3）	2.48	2.65	2.70	2.78	2.062	0.105
对自然教育的感知（F4）	3.64	3.79	3.67	3.52	1.058	0.367
对大熊猫国家公园自然教育开展现状的感知（F5）	3.50	3.17	3.53	3.33	2.357	0.072
保护环境的意识（F6）	4.23	4.35	3.98	4.19	3.456	0.017

6.4.4 不同职业

在对自然教育需求内容等方面 P 值小于 0.05，说明不同职业的群体存在显著差异，中小学生和退休人员感知较低（见表 6-8）。

表 6-8　不同职业差异分析

	职业										F	Sig
	小学生	中学生	大学生	事业单位职员、公务员	个体职员	个体经营者	退休人员	农民	自由职业者	其他		
对自然教育开展方式的重要性的感知（F1）	3.78	4.00	4.00	4.19	4.10	4.57	3.14	3.95	3.45	4.20	1.852	0.059
自然教育需求内容（F2）	3.94	3.87	4.10	4.22	4.17	4.86	3.86	4.14	4.06	4.44	2.046	0.034
对大熊猫国家公园自然教育的总体感知（F3）	2.53	2.68	2.69	2.98	2.69	2.00	2.20	2.27	2.03	2.63	1.665	0.097
对自然教育的感知（F4）	3.66	3.74	3.56	3.70	3.84	3.00	4.00	3.75	3.64	3.40	0.085	0.571
对大熊猫国家公园自然教育开展现状的感知（F5）	3.48	3.13	3.45	3.48	3.33	3.17	3.00	4.00	3.67	3.83	1.440	0.171
保护环境的意识（F6）	4.25	4.40	3.98	4.09	4.09	4.25	4.00	3.83	4.36	4.22	1.493	0.150

不同职业的群体在大熊猫国家公园内您想了解如何保护生态环境、在大熊猫国家公园内您想了解人与自然的关系、在大熊猫国家公园内您想了解当地人文历史知识、在大熊猫国家公园内您想了解游览路线特色介绍，这四项存在显著差异，中小学生感知较低（见表 6-9）。

表 6-9　不同职业差异分析

	职业										F	Sig
	小学生	中学生	大学生	事业单位职员、公务员	个体职员	个体经营者	退休人员	农民	自由职业者	其他		
在大熊猫国家公园内您想了解如何保护生态环境	4.00	3.64	4.08	4.37	4.24	5.00	4.00	4.33	3.86	4.50	2.888	0.003
在大熊猫国家公园内您想了解人与自然的关系	3.76	3.80	4.04	4.37	4.27	5.00	4.00	4.33	4.71	4.67	3.968	0.000
在大熊猫国家公园内您想了解当地人文历史知识	3.86	3.56	4.09	4.22	4.22	5.00	4.00	4.00	4.00	4.39	2.809	0.004
在大熊猫国家公园内您想了解游览路线特色介绍	3.63	3.64	4.13	4.04	4.20	4.50	4.00	3.67	3.57	4.28	3.103	0.001
您是否愿意参加自然教育类活动	4.14	4.16	4.19	4.26	4.32	5.00	4.00	4.00	4.14	4.50	0.657	0.747
在大熊猫国家公园内您想了解大熊猫等方面的科学知识	4.25	4.31	4.24	4.56	4.32	5.00	4.00	4.33	4.71	4.67	1.274	0.252
您是否愿意关注一些自然教育类公众号	3.90	3.98	3.95	3.74	3.63	4.50	3.00	4.33	3.43	4.06	0.946	0.486

　　不同职业的群体只在自然教育基地的建设对进行自然教育的重要性表现出差异，且小学生和农民的感知较低（见表 6-10）。

表 6-10　不同职业差异分析

	职业										F	Sig
	小学生	中学生	大学生	事业单位职员、公务员	个体职员	个体经营者	退休人员	农民	自由职业者	其他		
开展的游览活动进行自然教育的重要性	3.84	4.04	4.10	4.04	4.20	4.00	3.00	4.00	3.71	4.28	0.953	0.480
以自然课堂进行自然教育的重要性	3.73	4.00	4.12	4.33	4.12	4.50	3.00	4.33	3.43	4.11	1.993	0.40
景区发放的自然教育宣传册进行自然教育的重要性	3.82	3.91	3.83	4.04	3.93	4.50	4.00	4.00	3.00	3.89	0.954	0.478
导游人员讲解进行自然教育的重要性	3.75	4.04	3.92	4.30	4.02	5.00	4.00	3.67	3.57	4.44	1.880	0.055
自然教育基地的建设进行自然教育的重要性	3.88	4.07	4.07	4.37	4.29	4.50	4.00	4.33	3.71	4.61	2.014	0.038
实地巡护体验进行自然教育的重要性	3.88	4.07	4.16	4.22	4.27	5.00	2.00	3.67	3.29	4.44	2.743	0.182
在线自然教育进行自然教育的重要性	3.55	3.87	3.80	4.00	3.90	4.50	2.00	3.67	3.43	3.61	1.425	0.182

6.4.5 不同收入

在对自然教育开展方式的重要性的感知、自然教育需求内容、大熊猫国家公园自然教育的总体感知等方面 P 值小于 0.05，说明不同收入的群体存在显著差异，收入越高，感知越高（见表 6-11）。

表 6-11　不同收入差异分析

	收入					F	Sig
	2500元以下	2500~5000元	5000~7500元	7500~10000元	10000元以上		
对自然教育开展方式的重要性的感知（F1）	3.97	3.94	3.94	4.62	4.13	2.502	0.043
自然教育需求内容（F2）	4.04	4.01	4.21	4.56	4.51	3.342	0.011
对大熊猫国家公园自然教育的总体感知（F3）	2.63	2.57	2.63	2.85	3.38	3.123	0.015
对自然教育的感知（F4）	3.60	3.74	3.88	3.73	3.48	0.922	0.451
对大熊猫国家公园自然教育开展现状的感知（F5）	3.40	3.51	3.45	3.52	3.27	0.262	0.902
保护环境的意识（F6）	4.18	3.92	4.09	4.32	4.32	1.629	0.167

6.5 研究结果

通过对调研数据的整理与分析，得出受访者大熊猫国家公园自然教育的感知结果如下：

（1）对象以中小学生、大学生为主。

通过对人口描述性统计分析，确定了游客的结构。从性别上看，男女比例为1∶2；从年龄上看；主要集中在25岁以下，以中小学生、大学生为主；从职业上看，学生、公司职业比例较高；从教育程度来看，受访者学历集中在大专本科，呈现高学历趋势；从收入来看，月收入基本在2500元以下。

（2）自然教育的开展方式非常重要。

通过因子分析得出"对自然教育开展方式的重要性的感知（F1）""自然教育需求内容（F2）""对大熊猫国家公园自然教育的总体感知（F3）""对自然教育的感知（F4）""对大熊猫国家公园自然教育开展现状的感知（F5）"

"保护环境的意识（F6）" 6 个因子，其中对自然教育开展方式的重要性的感知在 6 个因子中的综合得分最高。

在对问卷进行总体现状分析后，分析结果得出对自然教育开展方式的重要性的感知平均值接近于 4，4 分代表比较重要，说明以上的自然教育宣传方式大家都认为比较重要；自然教育需求内容平均值为 4，4 分代表愿意，说明以上内容大家都想了解；对大熊猫国家公园自然教育的总体感知平均值为 2.66，2 分代表不了解，3 分代表一般了解，说明总体上大多数人对大熊猫国家公园自然教育处于不太了解状态；对自然教育的感知平均值为 3.65，3 分代表一般同意，4 分代表同意，说明总体上对自然教育的感知处于一般认同的状态；对大熊猫国家公园自然教育开展现状的感知平均值为 3.42，3 分代表一般，说明大家认为大熊猫国家公园自然教育开展现状较为一般；保护环境的意识平均值为 4.14，4 分代表愿意，说明大家的环保意识较高。

（3）不同个体特征对大熊猫国家公园自然教育的认知不同。

通过选取性别、年龄、教育程度、职业等不同人口学特征指标，基于调查数据，采用独立样本 T 检验和单因素方差分析方法，从上述不同个体特征出发进行分析。

①不同性别的群体在自然教育开展方式的重要性的感知、自然教育需求内容和保护环境的意识上表现出显著差异，女性感知高于男性；

②不同年龄的群体在自然教育需求内容、大熊猫国家公园自然教育开展现状的感知、保护环境的意识上表现出显著差异，对自然教育需求内容方面，18 岁以下的人感知较低，对大熊猫国家公园自然教育开展现状的认知方面，26~35 岁的人感知最高，保护环境的意识方面，56 岁以上的人认知最低；

③不同教育程度的群体在对自然教育开展方式的重要性的感知、自然教育需求内容、保护环境的意识上表现出显著差异，教育程度越高，感知越高；

④不同职业的群体在自然教育需求内容上表现出显著差异，中小学生和退休人员感知较低。

7. 大熊猫国家公园自然教育开发模式

7.1 自然教育开发模式构建

7.1.1 模式体系

基于核心要素的构建，同时关注整个体系的运作和组织上需求，参考国内外在自然教育体系设计的相关研究成果，结合对受众群体特征及需求的问卷调查结果，本项目将从"核心价值－产品载体－外围周边"三个层次来构建大熊猫国家公园自然教育开发结构体系。

7.1.1.1 第一层次——"核心价值"

不同的对象有不同的核心需求，大熊猫国家公园自然教育最为核心的受众对象需要根据人群年龄、职业领域和文化水平等差异进行具体的分类梳理，使自然教育产品和服务具有针对性，核心是针对四种人群（中小学生、大众游客、当地居民、专业人士）不同的需求所要提供的核心价值。

同时，也应重视教育的双主体性特征，使自然教育的受众对象不局限于直接受教者，还包括为自然教育提供管理与服务的公园管理方，相关社会组织、行业机构和社区等诸多对象，让自然教育的价值理念能在活动开展过程中实现多方传播与各方受益。

7.1.1.2 第二层次——"产品载体"

主要包括自然教育类的一些活动，结合问卷调查结果与大熊猫国家公园自身资源特色的基础上，根据体验活动的主题和开展方式与不同人群的特征合理设计活动。

大熊猫国家公园自然教育基于"生态保护第一"的国家公园理念和体验式

的教学方法，其自然教育活动类型可通过亲近自然、感知自然和回归自然三个层次来展现。亲近自然型是自然教育的基础阶段，是对自然生态的朴素认识，隶属于情感层面，包括自然观察、户外运动和自然体验等类型。感知自然型是自然教育的核心阶段，是对自然生态包含有普世价值观念的科学认识，隶属于理智层面，包括自然科普、自然艺术和自然笔记等类型。回归自然型是自然教育的高级阶段，是对自然生态的实践认识，隶属于行动层面，包括自然研究、生态公益、绿色低碳生活等类型。

7.1.1.3 第三层次——"外围周边"

主要包括科普图册、纪念品、LOGO 等，考虑受众在年龄、性别、职业、文化程度等方面的差异，针对不同的对象提供相应的服务或产品。

充分利用大熊猫国家公园自然教育基础资源，对种类繁多、生物多样性丰富的自然资源进行分类总结，制作大熊猫国家公园风景宣传片、自然保护知识宣传册等宣传材料（见图 7-1）。通过与当地学校、地方政府、环保部门、志愿者团体、媒体和出版物的交流与合作，拓宽自然教育理念的传播与推广渠道，提高自然教育的影响力。

通过利用大熊猫国家公园的文化资源发展为文创产品，让其与游客的精神生活形成互动，激发游客的心理共鸣以达到相关自然教育的效果。以中国（尤其是四川）优秀传统文化资源基础，有机融合世界其他优秀文化元素，秉持本土性、传承性，加以创新、完善与突破。

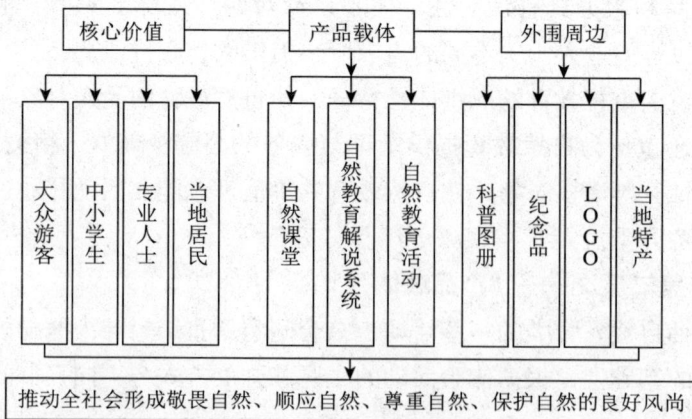

图 7-1　大熊猫国家公园自然教育开发模式框架图

7.1.2 模式结构

大熊猫国家公园自然教育开发体系中"核心价值"是针对不同目标受众提供的最终核心价值;"产品载体"是实施开展的各项自然教育项目载体;"外围周边"是支撑自然教育产品载体实现核心价值的外围保障和支撑,三者是从对象到产品载体,达到最终目的的一个系统过程(见图 7-2)。三个层次形成同心圆的圈层关系,核心价值处于中心位置,产品载体包围在核心价值外,是核心价值的支撑,外围周边处于最外层,作为支撑和保障系统(见图 7-3)。

图 7-2　模式系统

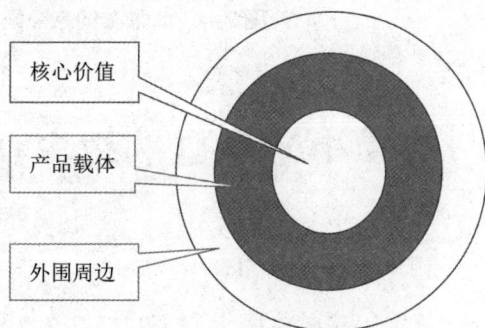

图 7-3　模式结构关系

中小学生代表着大熊猫国家公园保护的后备力量,担当小小卫士的角色,自然教育中主要通过研学旅行的方式进行;当地居民是大熊猫国家公园的守卫者,是熊猫家园的主人,在自然教育中主要通过社区共建共享的原则进行特许经营和举办各项活动;大众游客是大熊猫国家公园中人数最多、最广大、最基础的人群,通过生态游客的角色,保护和认识大自然,主要通过低碳绿色的生态旅游的方式进行自然教育;专业人士是大熊猫国家公园的探索引领者,是国家公园自然教育的先锋队,对如何保护生物及环境进行研究,是自然教育的方向和引导,主要通过探索调研、研究讨论等方式进行自然教育的开展。大熊猫国家公园自然教育开发模式示意图如图 7-4 所示。

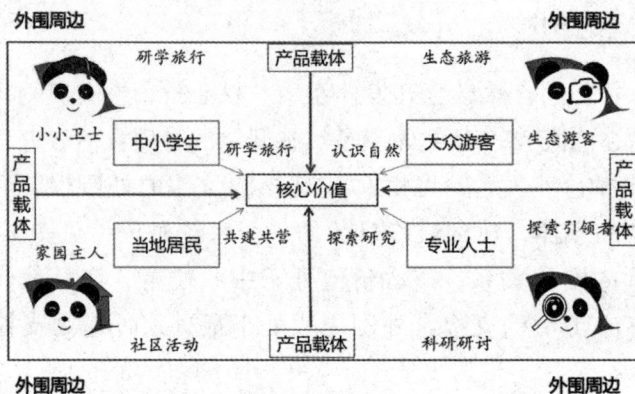

图 7-4 大熊猫国家公园自然教育开发模式示意图

7.2 中小学生自然教育开发体系

7.2.1 核心价值

《国民旅游休闲纲要（2013—2020 年）》中提出"逐步推进中小学生研学旅行"，自那时以来，越来越多的研学旅行政策出台。《关于推进中小学生研学旅行的实施意见》提出学校每学年组织开展 1~2 次研学旅行活动，小学 3~4 天，初中 4~6 天，高中 6~8 天。政府的补贴形式是财政教育基金，教育投资的增长将更有利于研学旅行市场的发展。这样看来，在未来不久，研学旅行和乐园教育的市场规模可能会增长到 2000 亿元左右。

2014—2018 年中国研学旅行人数走势分析图如图 7-5 所示。

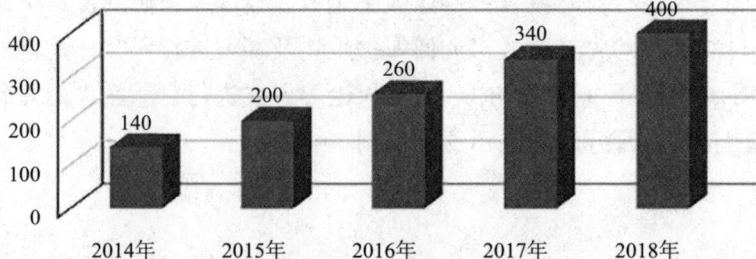

（单位：万人次）

图 7-5 2014—2018 年中国研学旅行人数走势分析图

因此，中小学生群体是发展自然教育体系的核心力量，无论在响应国家号召还是在应对社会进步层面，加强中小学生对大自然的了解，提高和建立对大自然和我国珍稀动物的保护意识具有重要意义。针对中小学生开展大熊猫国家公园研学旅行，一是森林地貌和动植物多样性的生态环境作为最佳的研学资源，有利于学生对于学科知识通过实践活动来认知补充，完善学生对于人文和自然学科认知的框架；二是为学生群体搭建大熊猫国家公园研学平台，构建研学基地，参加研学旅行，在学生群体中强调团队协作能力，弥补现在学生普遍缺乏的合作共赢精神；三是通过旅行科普和自然体验能够调动学生独立思考的积极性，改变学生们刻板被动接受知识的学习习惯，提高中小学生的思辨能力。

研学旅行不仅可以让学生在书籍、电视、互联网等媒体上远距离观看自然，还可以通过自然教育和体验，在感官实践中结合理论的输入，体验自然活力，培养环保意识，增强责任意识。

7.2.2 主要产品

依托大熊猫国家公园的研学资源构建研学基地，主要通过室内自然课堂和户外自然体验两种环境模式来开展系统的自然教育课程体验，针对小学、初中、高中学生群体设立大熊猫国家公园研学旅行机构，提供丰富、有趣且专业受用的科普教育，将受教育群体"引进来"。同时，研学旅行也不仅限于让学生群体走出校园，定期请相关专业人士联系学校进行学术交流，把自然保护的教育理念传达到校园里。通过彩页宣传、影像展示、专业讲解等方式，积极深入校园，增强中小学生生态保护意识，感受不同于校园里的自然学习体验，让自然教育模式"走出去"。

7.2.2.1 互动课堂体验

研学旅行的室内自然课堂，针对主要以图片指认的互动活动开展，结合亲子问答互动游戏，将常见的珍稀动植物制作成颜色鲜明的简单手卡、贴画、拼图等，让小朋友们在玩耍的过程中认识自然；到小学阶段的孩子们已具备了基本的辨认力和创造力，可利用彩泥，绘画，制作标本、花卉香包等形式的手工活动来表现他们心中的自然。

例如，在唐家河自然保护区中，在室内开展了一系列利用珍稀动物的图片和模型，开展交互式游戏，以提升孩子们对保护区内珍稀动物扭角羚的初步了解（见图 7-6）。

图 7-6   唐家河游戏互动展示图

位于大熊猫国家公园南入口——龙苍沟国家森林公园的大熊猫森林国际探索学校（PFS）是由大香岭自然保护区、荥经文化旅游和探途教育联合组织发起的以森林户外探索为主的营地学校，这是全国首个大熊猫主题的户外探索学校（营地），也是大熊猫国家公园内的第一所自然学校。营地内开展创作大熊猫文创产品、为大熊猫滚滚营养搭配的膳食、给"国宝"住所洗个澡等多项手工课堂（见图 7-7）。

图 7-7   熊猫森林国际探索学校科考营活动照片

（来源：熊猫森林国际探索学校微信公众号）

初高中学生在室内自然教育下可更多地参与到相关科普展厅，跟随讲解员了解当地自然保护区发展历程和现状，学习到有关珍稀动植物的生物知识，体会到生物多样性在自然保护区所发挥的生态性；大学生群体除了参观室内展厅学习之外，也可以参与到自然课堂发挥自己的主动性创作。

7.2.2.2 户外自然体验

户外自然教育则以野外课堂的形式进行，设置户外小游戏和讲解科普带领中小学生们，对珍稀动植物的生物特性和生活环境加以认识和了解。调动孩子们的各种感官亲近自然，如观察植物季相变化、聆听鸟类叫声的差异、嗅辨无毒害植物等。也可在环境条件允许下，适量采集植物花叶用于室内自然课堂的手工制作。大学生们则可以在户外课堂学习到一些基本的野外生存技能，可在营地驻扎帐篷，进行深度体验。如在龙苍沟国家森林公园内的熊猫森林国际探索学校，开展营地野外课堂自然教育（见图 7-8）。

图 7-8　熊猫森林国际探索学校科考营

7.2.2.3 自然教育认证

在结束自然课堂以及户外自然体验研学之旅后，学生们可获得"熊猫小卫士"称号，获得荣誉徽章。学生也可以根据自己的兴趣和能力，选择报名参加自然保护区的义工志愿者，辅助工作人员参与到园区基础工作和自然课堂教育中去，在实践中锻炼自我，全面提高个人的综合能力。例如，在中国大熊猫保护研究中心雅安碧峰峡基地的研学旅行结束后，会颁发认证证书；龙苍沟国家森林公园内的熊猫森林国际探索学校也在义工体验活动结束后颁发相应徽章和证书（见图 7-9、图 7-10）。

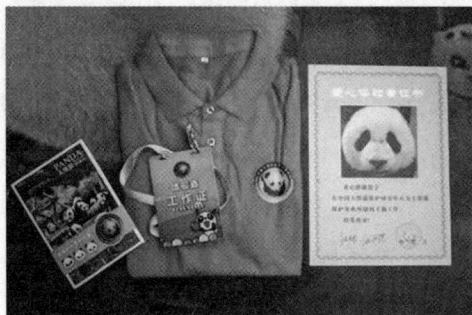

图 7-9　熊猫森林国际探索学校科考营证书
（来源：熊猫森林国际探索学校微信公众号）

图 7-10　中国大熊猫保护研究中心雅安碧峰
峡基地义工合照

（来源：voluntour 国际义工旅行微信公众号）

7.2.3 周边配套设施

7.2.3.1 研学营地

在大熊猫国家公园自然保护区可建设范围内，提供可开展自然教育课堂的场地，有关研学课程的研学营地包括自然课堂教室、户外体验活动场地以及满足中小学生研学食宿等服务设施（见图 7-11）。

图 7-11　研学营地示意图
（来源：https://image.baidu.com）

研学体验馆是以自然博物馆展览为主，主要通过图片、标本及文字解说以光、声、影的互动方式进行科普教育（见图 7-12）。

图 7-12　研学体验馆示意图

（来源：https：//image.baidu.com）

研学户外园主要通过一系列课程体系来进行教育活动，通过对学生进行为期数天的户外学习，根据活动时间配套相应的教学或住宿设施，在大自然环境中进行教育和学习（见图 7-13）。

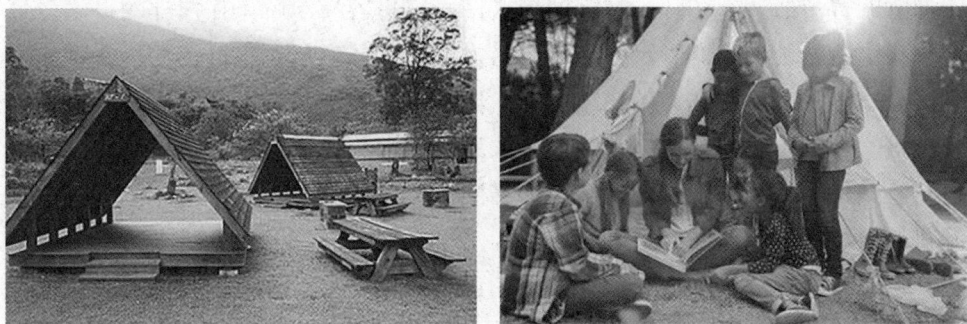

图 7-13　研学户外园示意图

（来源：https：//image.baidu.com）

研学课堂教室是以综合性建筑设施为基础，由建筑物、工作设备、艺术作品组成，配备专门的学校路径等学习元素，主要以课程体系为主体，通过项目参与和游憩活动开展，如以自然主题演讲、自然项目活动日、自然集会等方式进行知识竞赛或自然感受时可进行创意制作等活动来加深理解和实践，让学生通过在自己实际的操作或研究中获取自然教育知识和培养自然理念（见图 7-14）。

图7-14　研学课堂教室示意图

（来源：https://image.baidu.com）

7.2.3.2 解说体系

在室内自然课堂上会配有以生动形象的图片为主的科普图册，根据儿童心理选择简单易懂，色彩鲜明的卡通型动物形象。同时，给中小学生提供有关自然课堂的宣传册，以图片加文字的形式使大家更容易了解。在户外的自然教育中，在进行野外课堂的一定范围内也将设立适合儿童和学生群体的科普牌，对珍稀动植物用具有亲和力的描述方式，以活泼有趣的口吻向孩子们展示以促进其更进一步的了解。研学体验结束，大家也可以将自己创意的手工制作当作一份纪念品带走，园区也会陈列与大熊猫国家公园相关的，具有纪念意义的文创品供选择，如拼图、书签、明信片等。例如，唐家河设立有户外的指示牌讲解，针对低龄群体以卡通形象和亲切的口吻引导大家，并且配有彩页进行宣传（见图7-15、图7-16）。

图7-15　唐家河自然保护区户外解说牌

图 7-16　唐家河自然保护区户宣传彩页

7.2.4 课程设计

7.2.4.1 课程大纲

结合国家对中小学生义务教育和必修课程的教学目标、教学重点，设置自然课程以及相应的课程内容，并设置自然教育的教育大纲，如表 7-1 所示。再根据不同自然保护区，实施具体的课程设计。

表 7-1　自然教育课程大纲

教学目标		教学重点	自然课程	课程内容
德育	使学生树立爱国思想，具有社会主义道德品质。培养关心集体、诚实、勤俭、不怕困难等良好品德，以及分辨是非的能力，养成讲文明、懂礼貌、守纪律的行为习惯	遵纪守法美好品德	自然认知	带领学生参观区内博物馆、科普展厅，在讲解员的介绍下了解大熊猫保护的重要性和自然保护区的生态多样性
			聆听自然	开展自然课堂学前教育、科普自然保护区内的行为规范和基本遵守要求
			走近自然	在工作人员带领下，走进自然保护区，深入认识珍稀植物，观察鸟类
智育	掌握自然、科学基础知识，发展学生的志趣、特长，培养学生具有不断追求新知识的热忱以及自学能力和分析问题、解决问题的逻辑思维，养成良好的学习习惯	独立思考自学创新	猜的准	老师给出一些珍稀动植物的英文及生物特性，学生们可根据自己的了解和知识能力抢答是哪种动植物
			拼的快	学生们在提供的所有珍稀动物的纸质拼图碎片中，通过计时的方式比拼谁先最快准确找到且拼出一个完整动物形状
			画的正	在规定时间内，学生通过两两分组，一人左手作画，描绘珍稀动物，另一人猜出所画何物

续表

	教学目标	教学重点	自然课程	课程内容
体育	学会科学锻炼身体的方法，逐步养成自觉锻炼的习惯，使学生的身体素质全面发展，具有健康的体魄	增强体质团队协作	你演我猜	在野外课堂，大家可以围坐一圈，依次轮流模仿表演一种动物形态，大家猜出可过关，接着下一位再开始
			熊猫蹲	学生们可 3~5 人一组拉手成圈，每组学员以熊猫的名字为组名进行接力蹲游戏，如"团团"蹲、"团团"蹲、"团团"蹲完"圆圆"蹲（还有"添添、美香、泰山、如意、丁丁"等很多明星熊猫）
			搭把手	在工作人员的指导下，进行野外基本技能，分组合作学习搭帐篷技巧，计时哪一组最先搭好帐篷
美育	培养学生正确的审美观，使他们具有感受美、鉴赏美和创造美的能力	丰富想象绘画能力	妙笔生画	在认识了园区内的珍稀动植物后，可根据自己的理解做卡通创意画，如"五彩斑斓的大熊猫"
			趣味彩泥	学生们可以通过捏彩泥的形式，做手工动物形象，根据自己的创意发挥，可留作纪念品
			画繁叶茂	在树叶上进行创意画写，可制作成做树叶彩绘的书签
劳育	掌握一些生产劳动的基础知识和基本技能，具有劳动观点、劳动习惯和学习生产技术的兴趣，树立正确的劳动态度和良好的劳动习惯	亲近自然劳动能力	拾趣多多	在野外收集树叶、干花，可手工制作标本以及花卉香包，可作为纪念品
			环保能手	协助工作人员了解园区的生活垃圾和环境垃圾，并准确将其分类成可回收垃圾、有害垃圾、厨余垃圾、其他垃圾

7.2.4.2 产品 LOGO

LOGO 是以直观的视觉表达方式展示产品的特性，是具有识别度的形象符号，根据中小学生在大熊猫国家公园自然教育的特性，设计以学士帽元素搭配可爱的熊猫形象来象征学生群体——大熊猫博士，作为中小学自然教育产品的 LOGO（见图 7-17）。

图 7-17　中小学自然教育产品 LOGO

7.2.4.3 课程方案

以唐家河自然保护区为例，按照 3 天 2 夜的自然教育时长，根据教学大纲设置自然教育课程方案，如表 7-2 所示。

表 7-2　中小学生大熊猫国家公园自然教学课程方案

日期	研学活动	教学主题	活动地点	备注
第一天	上午：博物馆探雪学	博物馆知识讲解	唐家河自然博物馆及周边外环境	博物馆地图、相机、笔记本、笔、画纸、画笔
	下午：扭角羚课程	扭角羚生理学意义、与生存环境之间的关系	唐家河蔡家坝工作站	放大镜、笔、本、扭角羚头骨、动物卡片
	晚上：森林生态的认识交流	森林生态演替与气候以及生物多样性	科研中心室内课堂	森林图片及资料，影片资料
第二天	上午：珍稀动植物课程	鸟的迁徙及生活环境、相关自然体验游戏认识珍稀动植物	水池坪工作站、红石河工作站珍稀植物展览馆	望远镜、放大镜、纸笔、视频资料、观鸟图鉴、植物图鉴、
	下午：小小巡护员	野外救护常识培训学习，模拟实践救护；通过角色扮演游戏体验巡护员工作	保护站（摩天岭、水池坪、白熊坪）	笔记本、笔、珍稀动植物卡片、巡护员袖章、灭火器
	晚上：夜间的保护区	夜观活动实践、认识夜行兽类、了解红外线照相机基本原理	保护区科研中心周边	笔记本、笔、头灯、红外线照相机

续表

日期	研学活动	教学主题	活动地点	备注
第三天	上午：大熊猫主题课程	大熊猫生理学意义以及与生存的环境之间的联系、大熊猫寻踪方法	摩天岭工作站大熊猫体验馆	放大镜、相机、笔、小本子、熊猫头骨等
	下午：社区体验	体验社区生活、了解社区宣传保护工作、保护反哺社区和谐发展，了解农村生产活动	保护区周边社区	作业纸，笔
	晚上：结营仪式	汇报交流心得	保护区科研中心	颁发研学徽章与研学结业证书

7.3 当地居民自然教育开发体系

7.3.1 核心价值

近年来，我国在国家公园的建设中，不断认识到公众参与的重要价值，也逐渐认识到国家公园社会参与的现实意义——全民共享、全民共治。

国家公园作为国家所有，具有公共属性。建设国家公园，与当地原住民的关系处理成为国家公园能否长久运营的微妙平衡点。要想国家公园走上可持续发展的道路，那么就不能将国家公园的周边社区及相关群体只当作国家公园的被动接受者，而应该加大宣传，鼓励他们参与到国家公园的建设发展与运营过程中，化被动为主动，更多地发表意见和看法，创造机会与条件让他们参与国家公园的政策、管理规划等相关事宜。

通过国家公园的周边社区及相关群体参与，突出环保意义与提升环境品质，实现公园生态、经济及社会效益的健康可持续发展。

7.3.2 主要产品

7.3.2.1 举办节庆活动

依托国家公园当地的自然资源与独特的人文资源，以大熊猫为特色，开展

"国际熊猫日""熊猫保护日"等主题节日，通过摄影展览、美食节等活动，吸引周边区域人流，带动旅游经济发展。另外，考虑依附传统节日，以大熊猫元素为节日添彩，通过节日巡游、音乐会演出、露天电影等活动，丰富周边社区居民生活体验，打造城市魅力社区。通过以上节庆活动，以寓教于乐的形式达到社区居民自然教育的效果（见图7-18、图7-19）。

同时应有主导社区绿色发展的生态产业（包括生态旅游、生态食品、生态加工以及手工业）以及各类具有当地地域特色的旅游购品、产品；有社区生态旅游等服务设施完善；有社区旅游管理办法、接待制度；有使用熊猫原生态产品的方案。

在加拿大的班夫国家公园，一年四季节庆活动不断，特别冬季活动更是精彩纷呈，有班夫冬季庆典、班夫山脉电影节、视觉艺术公开课、冰之魔法国际冰雕节等。

图7-18　大熊猫美食节现场

（来源：https://image.baidu.com）

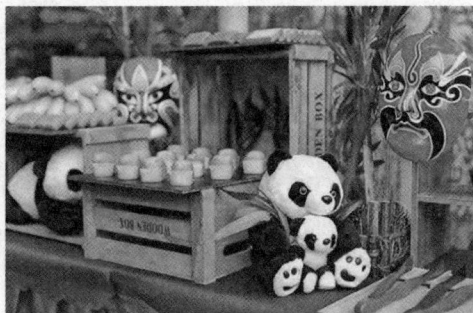

图7-19　大熊猫美食节文创产品

（来源："成都锦江"微信公众号）

7.3.2.2 开展特许经营

以德国巴伐利亚森林国家公园为例，在国家公园建立之前，主要从事林业活动的当地居民通过协调和补偿放弃了原有的生活方式，园区旅游业繁荣，积极开展餐饮经营及相关旅游服务，如餐饮、住宿或当地特色菜。同时，可以通过协调和补偿，结合国家公园门户小镇（见图7-20）旅游业的不断兴盛，鼓励他们积极开展特许经营和相关服务，如餐饮、住宿或当地特产特色等。我国的唐家自然河保护区依托国家公园试点，因地制宜，通过探索实施"小蜜蜂"生态扶贫产业带动区域发展，让保护区内群众及其周边居民有更多的获得感和认可度。

开展特许经营。依托大熊猫国家公园，推出"区内游玩、区外吃住"的商业模式，造福百姓。

图 7-20　班夫国家公园门户小镇

（来源：https：//image.baidu.com）

7.3.2.3 组织志愿者服务

以英国的国家公园的运营为例，有大量的社区志愿者参与到国家公园的保护中去。志愿者的服务是无偿的，然而人们很乐意充当国家公园的志愿者，因为在这个过程中他们可以欣赏到美丽的自然景色，与他人积极地交流和沟通，同时他们也因为意识到自己在为保护自然景观服务而自豪。因而，国家公园表现为他们实现人生价值、获取精神慰藉的重要途径，社会认同感得到显著提升。

与周边社区保持密切联系，积极成立志愿者队伍，组织志愿者服务，设计并实施一些当地环境教育活动，增强社区居民的保护意识，进一步实现大熊猫国家公园建设的重要价值。由于其广泛的社会参与和影响，可以提高公众保护大熊猫和生态环境的意识，形成良性循环。

具体可在大熊猫国家公园的建设与运营中从事以下工作：各种志愿者项目、具体实际的保护活动、国家公园游览线路的研究与维护、引导工作、调查工作、志愿者管理员、教育服务、独立网站管理、生产管理计划、翻译服务、垃圾收集服务等。当然，志愿者的选定可以参考美国黄石国家公园的考核机制，持证上岗（见图 7-21、图 7-22）。

图 7-21　大熊猫志愿者

（来源：https://image.baidu.com）

图 7-22　大熊猫志愿者证书

（来源：卧龙中华大熊猫苑神树坪基地）

7.3.3 周边管理支撑

7.3.2.1 建立熊猫生态友好社区

开展公众自然教育是国家公园的主要职能之一。作为与国家公园实地联系最为密切的周边社区居民，对于他们的宣传与教育尤为重要。

制定"熊猫生态友好社区"创建计划，区分定位保护区内外社区功能。一方面将保护区外围社区发展定位为"国家公园入口社区"，如将唐家河自然保护区外阴平村作为大熊猫公园与人类世界的缓冲带；另一方面将保护区内社区定位为"国家公园人类活动聚点"，如将唐家河自然保护区内落衣沟作为大熊猫公园与人类世界的连接点。同时，引导社区居民积极参与国家公园政策、规划的制定和实施，保障其知情权、参与权。通过宣传栏、宣传廊等固定宣传设施开展宣传活动，建立村史馆，记载和讲述人与熊猫的故事和历史，编制大熊猫国家公园社区读本、社区游览指南，举办专题宣传栏、熊猫特色宣传廊等多种形式，营造"大熊猫自然保护区"的社区文化氛围，增进居民对大熊猫国家公园的了解，激发居民的认同感与自豪感。此外，还可以通过群众大会进行宣传，利用群众代表进行口头以及微信公众号宣传。

通过举办"大熊猫科普教育进社区""大熊猫自然保护区公众教育培训班"等系列活动，以科普讲座、现场讲解、国家公园展牌展示、科普图书展览、发放宣传册等形式，需要广泛发动社区各方面的群众自觉参与，积极向社区居民宣传大熊猫国家公园的资源价值、生态地位与社会效益，达到社区居民自我教育、相互影响的过程（见图 7-23、图 7-24）。

图 7-23 "熊猫课程"走进社区

（来源：四川在线）

图 7-24 大熊猫宣传展板

（来源：黔灵山公园）

7.3.3.2 共建共管社区管理委员会

在建立国家公园之后，首先可以邀请周围社区居民，并为他们提供相应的培训，组建社区管理委员会引导居民就业，注重发挥其积极性，为他们提供包括国家公园的巡视工作、具体实际的保护活动、引导工作等机会。作为在当地居住的原住民或周围社区居民，对当地生态环境非常熟悉，也将会是最好的生态守护者。其次，鼓励原住民参与到国家公园的基层管理中，如社区代表参与公园政策和法规的建立、公园的建设、管理计划的制订、公众咨询的提供及公众意见的收集等。

最有效的共管层面是保护地与乡镇共同建立共管委员会，共管涉及的内容可以根据实际情况来设计。日常工作地点在村级组织，双方出人负责日常工作，定期召开会议研究解决具体问题。同时，可聘请原住民参与管理，共同管理国家公园范围的宣传教育，原住民在受到教育之后亦能向游客做进一步宣传。

例如，唐家河自然保护区管理处与青溪镇政府联合成立了"唐家河-落衣沟共建共管委员会"，改变了落衣沟村原有居民的生产生活方式，使村民发挥了"生态护林员""劳务输出员"和"共建共管"等角色，增加了居民收入，而且增强了保护区的管理力量，解决了许多社会矛盾，成为快乐的"熊猫园丁"。

7.3.4 课程设计

7.3.4.1 产品 LOGO

为了更好地达到宣传的效果，针对附近居民人群设计了独特的 LOGO。该

LOGO 所表达的内涵是保护濒危动物大熊猫、爱护大自然，希望人与自然和谐相处（见图 7-25）。

图 7-25　大众游客自然教育产品 LOGO

7.3.4.2 课程方案

以唐家河自然保护区为例，按照 1 日活动课程和 2~3 日活动课程进行课程方案设计，如表 7-3 和表 7-4 所示。

表 7-3　1 日活动课程方案

时间	课程主题	地点
上午	科普国家级重点保护动植物 博物馆拓展	唐家河科研交流中心 唐家河自然博物馆
下午	探索观察动物活动特征认知 动植物活动生活环境	唐家河摩天岭、红石河、石桥河等区域

表 7-4　2~3 日活动课程方案

时间	课程主题	地点
1 天	科普国家级重点保护动植物 博物馆拓展 探索观察动物活动特征 认知动植物活动生活环境	唐家河科研交流中心 唐家河自然博物馆 唐家河摩天岭、红石河、石桥河等区域
2~3 天	志愿者工作深度体验 社区保护宣传	唐家河科研交流中心 唐家河摩天岭、红石河等区域 唐家河阴平村、落衣沟等社区

7.4 大众游客自然教育开发体系

7.4.1 核心价值

主要对象为以游览为主要目的的大众游客，包括工作繁忙，闲暇时间较少，希望利用空闲时间放松身心亲近自然的上班族、中年游客，以及有充裕的时间，但受身体状况和精力的限制，往往只能进行观光、散步、游憩等活动的老年群体。

自然教育是让参与者亲近自然、感知自然和回归自然，与自然建立联系，学会与自然和谐相处，通过将自然科研成果转化到自然教育活动上，让自然教育受众得以在轻松、愉悦的自然生态之旅中除了收获快乐、体验，还能拉近人与自然的关系，让自然教育的内涵得到升华，本质上区别于一般的生态旅游。通过开展自然体验活动，可以让体验者在自然环境中获得美好的体验，激发他们的好奇心，并且能让他们了解当地的历史文化，更能发人深省，让他们自觉地保护大自然，保护我们的生态环境。将大熊猫国家公园打造成为首家最具特色、最环保、最完善、最吸引人的自然体验教育基地，为全国的来访者提供最优质的森林体验感受，并引进营地教育、森林疗育等特色项目，提高森林体验质量和经济附加值。

激励公众积极参与，提高全民的积极性，使游客不只有欣赏景色、拍照这种浅层式观光式体验，而是希望与自然、心灵以及同行游客有不同的互动体验，从认知的角度去了解森林公园的风景和自然美，从情感的角度理解、热爱自然，改变他们的行为，激发自然保护意识，增强民族自豪感，增强公众的环保意识，增加公众接触自然的机会。

7.4.2 主要产品

7.4.2.1 森林生态探秘

开展旅游活动的内在需求是为了学习、教育。旅游者旅游动机多样，精神动机中对知识、所见所闻的追求就是其中之一。森林公园旅游资源丰富，科学研究、调查和科普教育依靠公园的湖泊、森林文化、地质文化等旅游资源。森林公园拥有丰富的科普体验旅游资源，可体现在科普基地、生态文化展示、景物标识、解说等方面，做到寓教于乐，满足游客需求。森林公园谷深山幽水秀，林内神秘，营造出独特的游玩氛围，可开展丛林探险、原生态探秘等探险旅游，刺激性十足。

7.4.2.2 寻找大熊猫足迹

打造大熊猫主题体验性活动项目，设计寻找大熊猫足迹项目，首部曲：介绍熊猫的身体构造（衣）、食物（食）、生长的环境（住）、活动的方式（行）；二部曲：实地户外观察熊猫与熊猫行为的体验、观察途中介绍熊猫类别、大熊猫栖息地以及生态小故事；三部曲：设计与规划体验游戏扮演生态中的角色，共同讨论如何捍卫熊猫的家园。

7.4.2.3 森林浴场

人们重视个人健康，向往舒适宜人的森林环境，高品质的森林康养使得康体保健事业的发展潜力巨大。深入开展森林康养旅游，从以前的欣赏森林景观、呼吸空气中的负氧离子、森林徒步到现在的药物饮食、应用植物疗效、提取物质，森林旅游产品开发，形成了系统的森林养生过程，也成了产品开发的一个重要方向。具体旅游产品有负氧离子疗养、森林浴、药膳养生3项。普通公众适用于体验性和游憩性的活动，感受户外自然环境的美好，体验

图 7-26　净月潭森林浴场

（来源：jl.sina.com.cn）

自然环境的价值。以国家公园自然和人文资源为依托，在公园内可以设置多种自然环境和健康体验的休闲活动场所，如开展舒缓型的森林瑜伽、森林浴场等活动，森林浴场含氧量丰富，可促进生态系统稳定和人体的新陈代谢，提高人体的免疫能力（见图7-26）。

7.4.3 周边宣传产品

7.4.3.1 解说服务体系

国家公园解说服务体系涉及解说牌、语音解说系统、专业解说人员，且解

说内容要适应大众游客的喜好，具有普及性和趣味性。

（1）解说牌。

①外观造型设计。

从造型、体量、色彩上吸引游客的眼光，结合场景的实际内容进行形象的解说。例如，森林公园中一些具有鲜明外观特征的植物，可通过解说牌的造型设计吸引游客眼球，使其驻足了解（见图 7-27）。

图 7-27　解说牌意向图

（来源：https://image.baidu.com）

②内容设计。

可采用醒目、容易激发游客兴趣的标题。在文字解释方面，应尽量描述得通俗易懂，同时采取多种语言（中、英文），方便中外游客。对于图片的选择要与文字相切合。

③设置地点。

解说牌应设立在坡度较缓、地面空旷的区域，避免因游客滞留产生拥堵。

（2）智能解说系统。

以语音、文字、图画、影像中的一种或几种方式结合的讲解方式对游客进行宣传教育。例如，在游客中心内可以播放以大熊猫为主题的电子影像，使游客可以直观地了解大熊猫。配置各种生物二维码标识牌，设计在线解说软件和小程序，在景区内建立全球 Wi-Fi 等景区智慧解说应用设施，为游客提供虚拟体验、智能判读、语音智能判读、3D 实景等导览服务。

7.4.3.2 宣传工作

（1）网络宣传。

进行网络宣传，设立大熊猫国家公园自然教育官网、官方微博或者微信公众号，通过文章推送、趣味问答、反馈建议等方式，既可有科普效果，又可起到宣传旅游的效果。

（2）线下宣传。

对各种资源分类整理，并制作成宣传品，如公园风光宣传片、自然保护宣传册等，并通过与当地政府和社区的合作，深入社区进行自然教育宣传，拓宽自然教育理念的推广渠道，提高自然教育的影响力。

（3）活动宣传。

通过在景区内开展宣传标识设计竞赛等活动来引起观众注意，使其过来了解自然教育；在游客中心、各景点和旅游集中区播放动态教育视频，向社会征集在公园接受自然教育的游客的视频片段，提高观众的兴趣。

（4）景区折页。

在游览之前或者期间，游客可以通过折页制订旅行计划。折页内容丰富，包括公园地形图、景点自然和人文资源介绍、国家公园详细地理位置图、安全注意事项和环境保护措施等。

7.4.3.3 纪念品周边

宣传产品主要为课程的宣传和招募海报，针对自然艺术类活动与自然科学类的活动分类分项设计。文创产品包括自然笔记、植物标本夹、植物收藏架、花草纸艺、创艺自然生活用品、自然贴纸等文创产品。农创产品包括有机稻米、蔬菜水果等农副产品。其中，宣传品可用于自然教育活动和营地旅游产品的宣传推广；文化和农业创意产品除用于商业销售外，还可以作为自然保护组织开展的自然教育活动或慈善销售等公益活动的辅助产品。

（1）出版各类读物。

大熊猫国家公园为了吸引更多的专业人士进行考察，应面向专业人士出版不同高质量的报纸、小册子、期刊等。该类读物主要有关大熊猫国家公园自然教育的现状、该公园的区域图、自助游的线路。该读物可印刷不同国家的语言，如日文、法文、德文等（见图7-28）。

图 7-28　各类大熊猫出版物

（2）发展特色文创产品。

　　大熊猫国家公园的文化资源泛指国家公园及其周边具有文化价值和意义的，由文化重要性的文化生态环境或艺术结晶、文化成就等要素所构成的人和自然生态环境和谐共生的文化综合体。其独特的文化特色和地方魅力，必将成为大熊猫国家公园的重要战略优势（见图 7-29）。

图 7-29　大熊猫主题文创纪念品

利用大熊猫国家公园的文化资源发展文创产品，让其与游客的精神生活形成互动，激发游客的心理共鸣以达到相关自然教育的效果。以中国（尤其是四川）优秀传统文化资源基础，有机融合世界其他优秀文化元素，秉持本土性、传承性，加以创新、完善与突破。为活动和课程设计特色宣传产品、文创及农创产品。

7.4.4 课程设计

7.4.4.1 产品 LOGO
大众游客自然教育产品 LOGO 选择使用相机的大熊猫形象，意为用照相机来记录动物和植物，做自然界中和谐共处的一员，和动植物共建生命共同体（见图 7-30）。

图 7-30　大众游客自然教育产品 LOGO

7.4.4.2 课程方案
以唐家河自然保护区为例，结合特色入口社区，设置 3 日自然教育课程方案，如表 7-5 所示。

表 7-5　3 日自然教育课程方案

日期	地点	研学活动
DAY1	青川—唐家河	在青川游客中心学习，进入唐家河进行森林生态探秘，体验蛇道，寻找熊猫足迹
DAY2	唐家河	在白熊坪保护站和水池坪保护站进行绿色生活体验，参观唐家河自然博物馆，观察野生动物，进行鸟类观察，在落衣沟体验社区共建共管
DAY3	青溪古城	感受清溪民俗民风，了解民间传统技艺

7.5 专业人士自然教育开发体系

7.5.1 核心价值

就专业方面而言，大熊猫国家公园自然教育的对象主要是科研人员。（1）建立健全科研机构：以公园建设为契机，依托四川省重点大学建立大熊猫科学研究院，培养一支具有国际视野和领先水平的大熊猫保护研究团队；（2）开展重点科研研究：以保护宏基因组学、细胞学、遗传学等国际前沿学科为重点，以大熊猫栖息地生态学、大熊猫种群动态影响等大熊猫保护课堂研究为重点，突出生态保护、监测和机制；（3）搭建稳定的国际交流合作平台：通过论坛、课题、项目与世界知名研究机构进行交流合作，在促进生物多样性保护、改善全球国家公园生态环境和气候变化等关键领域开展深入交流；（4）借助高精尖技术提高管理水平：开展大熊猫种群监测，建立大熊猫 DNA 数据库。借助现代技术，对大熊猫以及野生动物实时全天候踪迹监测，了解野生动物野外活动、分布区域，人类活动对野生动物的影响，提高野外工作的准确性，实现对大熊猫的精细化管理。

7.5.2 主要产品

7.5.2.1 专家研讨会和主题论坛

为了顺应生态规律，实现科学、高效的生态保护，大熊猫国家公园可携手新浪微博与中国绿化基金会，邀请四川动物研究所所长、林业局局长、中国科学院动物研究所博士等专业人士进行专家研讨会。会议的主题可根据时事的变化而变化，但是大致的主题主要围绕着大熊猫的保护以及栖息地的生态修复、公众传播等方面进行探讨。本研讨会本着对自然生态负责和大熊猫负责的原则，根植于专业研究，以公众参与为基础，促进可持续发展，最终达到保护大熊猫栖息地生态的目的（见图 7-31）。

图 7-31　佛坪"熊猫守护者"专家研讨会

（来源：陕西佛坪国家级自然保护区管理局）（fpbhq.cn）

7.5.2.2 大熊猫国家公园科考站

（1）大熊猫国家公园生态遥感综合观测试验站。

鉴于王朗自然保护区的发展模式，中国科学院水利部成都山地灾害与环境研究所在此地建立实验站。由于大熊猫国家公园自然教育基地独特的地形特征、丰富的植被种类和变化的气候特征以及大规模的生态环境和山地灾害等问题，是山地遥感野外观测与研究的理想试验基地。可建设遥感观测高塔、涡度协方差测量系统、光合有效辐射测量仪、四分量表、土壤热通量、冠层红外温度、气象等观测设备（见图 7-32、图 7-33）。

图 7-32　王朗站观测样地

图 7-33　王朗站观测设施

（来源：王朗山地生态遥感综合观测试验站——成都山地灾害与环境研究所）（cas.cn）

（2）无人机＋红外相机综合监测验证基地。

无人机＋红外相机监测是科研监测服务平台的重要手段，已成为野外研究的重要趋势。参考王朗自然保护区的"基站＋无线传感器网络"的方式，实现"星－机－地"同步观测。无人机观测站在大熊猫国家公园的建立是国土资源调查、山地典型生态系统监测与评估、山地灾害应急调查与植被恢复监测、山地定量遥感理论问题的山地地表观测数据的重要来源。利用红外相机监测是王朗自然保护区的重要途经，可监测到大熊猫、牛羚、黑熊、斑羚等国家保护动物，了解其生活习性的重要手段。大熊猫国家公园可利用相关数据与科研单位进行学术上的探讨，也有利于监测重点保护动物的种群变化和活动节律（见图7-34、图7-35）。

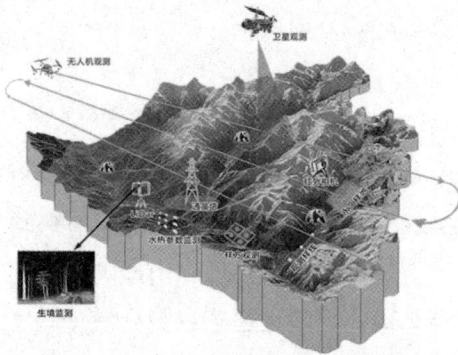

图7-34　王朗站天－空－地立体观测试验示意

（来源：王朗山地生态遥感综合观测试验站——成
都山地灾害与环境研究所）（cas.cn）

图7-35　大熊猫监测活动

（来源：四川王朗国家级自然保护区管理局－道客
巴巴）（doc88.com）

（3）"3＋监测"模式体系。

借鉴唐家河对野生动物疫情监测模式，大熊猫国家公园可建立"巡护＋监测"：确定巡护样线80条，按照每月巡护天数不低于20天的原则，由大熊猫国家公园的科研交流中心、保护站、专业工作人员组成10个巡护队进行对野生动物的监测。"专业＋监测"：主要是邀请知名大学如四川大学、中科院以及林业大学的教授对野生动物疾病和竹类病害进行调查，并利用无人机与红外相机对动物尸体进行及时的无害处理。"公众＋监测"：为了提高周边群众的参与积极性以及保护意识，建立野生动物疫病防控联动联防体系，做到及时监测大熊猫国家公园动物疫病情况（见图7-36）。

图 7-36 野生动物监测

（来源：开展大熊猫种群监测，建立保护区大 　（来源：四川王朗国家级自然保护区管理局 -
　　熊猫 DNA 档案）（tjhnr.cn）　　　　　　道客巴巴）（doc88.com）

7.5.2.3 野外科研实践基地

大熊猫国家公园自然教育基地面积广阔，其岩石、水文、土壤、植被以及野生动物都非常具有科研价值。可借鉴唐家河的发展模式在大熊猫国家公园开辟科研实习线路，与山顶所等进行科研基地的合作，公园内生物资源丰富，地质地貌景观独特、历史文化深厚悠久。其内有国家重点保护动植物，并且其内遇见野生动物概率极高。园内人文历史遗迹主要有古冰川遗迹、古蜀道遗迹等，丰富的自然资源与人文资源，是野外科研优越的实践基地（见图 7-37、图 7-38）。

图 7-37 科考实践途中

（来源：成都山地所组织研究生赴唐家河国家级
自然保护区开展野外科考实践——中国科学院水
利部成都山地灾害与环境研究所）（imde.
ac.cn）

图 7-38 签署共建协议

（来源：成都山地所与四川省唐家河国家级自然
保护区管理处签署教学科研基地共建协议——
中国科学院水利部成都山地灾害与环境研究所）
（imde.ac.cn）

7.5.2.4 熊猫守卫队

借鉴白坪坝做法，将保护区的巡护监测、科学研究、自然教育融入大熊猫国家公园体系中，熊猫守卫队是科研与保护工作之间的坚实的桥梁。他们主要可研究动物的尸体如何分解、野生动植物、野生动物防疫以及林业草地保护。熊猫守卫队的建设是促进大熊猫以及其他野生动物保护工作的落实。针对他们在科研保护工作上的奉献可授予"金熊猫奖""先进集体奖""监测优秀奖""先锋卫士奖"等（见图 7-39）。

图 7-39　熊猫讨论会

（来源：陕西省林业科学院来大熊猫国家公园佛坪管理分局考察调研 – 科研动态 – 陕西佛坪国家级自然保护区管理局）（fpbhq.cn）

7.5.3　周边技术保障

7.5.3.1　各类濒危动物研究专著

为了响应生态文明建设以及大熊猫保护，大熊猫国家公园自然教育基地可邀请中科院院士、林业局研究员以及大学教授共同编写关于大熊猫保护以及生态环境保护的专著（见图 7-40），如《四川省生物多样性聚集地——大熊猫国家公园》。

7.5.3.2　户外设施设备售卖处

为了更好地服务于科研高校人员的科研考察工作的需要，在大熊猫国

图 7-40　各类研究专著

（来源：四川省林业局参与编撰的《三秦生物多样性精华之地—陕西国家级自然保护区》在陕西省人民出版社正式出版 – 科研成果 – 陕西佛坪国家级自然保护区管理局）（fpbhq.cn）

家公园的入口处设置专门的科研考察设置装备，这有利于科研高校人员考察工作的顺利进行。在售卖处可以提供专业的设备装置如防水相机、电筒、冲锋衣、登山鞋、多功能背包、迷彩服、遮阳帽、帐篷、睡袋以及防潮垫、指北针、绳索以及笔记本等用品（见图 7-41）。

图 7-41　户外考察设备

7.5.3.3 野外急救包

为了保护科研人员的安全问题以及促进科研工作的顺利进行，科研人员在进行考察的途中，可能会发生一些意想不到的意外，对于简单的伤口，科研高校人员可以进行简单的处理，因此，药店可出售野外考察药品，如抗菌消毒的湿巾或者是消毒的乳液以及紧急处置的药物包（消毒液、绷带）等（见图 7-42）。

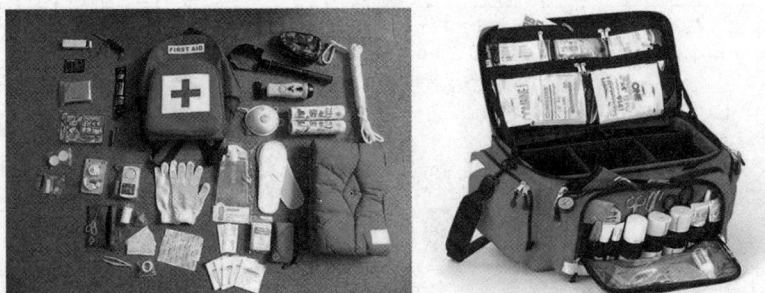

图 7-42　野外急救包

7.5.4 课程设计

7.5.4.1 产品 LOGO

为更好地区别以达到宣传的效果，针对专家设计了特别的 LOGO。该

LOGO 所表达的内涵是保护濒危动物大熊猫、爱护大自然、尊重自然以及与自然和谐相处的要义。该 LOGO 不仅达到了宣传的目的，也表达了专业人士在该领域的付出与辛劳（见图 7-43）。

图 7-43　专业人士自然教育产品 LOGO

7.5.4.2 课程方案

为了更好地促进学术上的交流以及国家公园的发展，在国家公园内对专业人士设置有深度、有广度的专业多日课程设计体系，不仅有利于学术上的探讨，也有利于国家公园的保护与发展。以唐家河国家级自然保护区为例，构建 7 日课程体系（见表 7-6），15 日课程体系以及一个月的课程体系（见表 7-7）。

表 7-6　7 天的自然教育课程方案

日期	地点	课程主题
1~2 天	唐家河科研交流中心 1 号楼 2 楼会议室	学术研讨
3~5 天	白熊坪保护站、水池坪保护站以及蔡家坝保护站	参观保护区信息化建设中心，参观并交流白熊坪保护站、水池坪保护站以及蔡家坝保护站
6~7 天	蛇岛、唐家河自然博物馆、落衣沟共建共管中心以及阴平村社区	体验步行蛇岛，考察各种动植物环境、参观并体验零排放生态厕所、考察了解唐家河自然博物馆发展进程、参观落衣沟社区产业发展现状以及考察阴平村社区发展

表 7-7　15 天的自然教育课程方案

日期	地点	课程主题
1~3 天	关虎站、白果坪	参观唐家河自然博物馆、考察各种珍稀植物以及了解千年银杏故事
4~6 天	阴平古道、阴平村、蔡家坝	了解红军桥、参观扭角羚馆、考察保护区特许经营—养蜂基地以及探索昆虫的世界
7~9 天	蔡家坝、水淋沟	研究各类蕨类植物的价值以及灵长类动物（川金丝猴、藏酋猴以及猕猴）
10~12 天	白雄关、摩天岭、科研中心、白熊坪	考察唐家河森林植被覆盖率以及珍稀物种、睹雄关地势以及大熊猫、观珍稀鸟类
13~15 天	清溪古镇、落衣沟社区、科研中心	考察清溪古镇千年历史、考察唐家河社区共建共管模式、了解唐家河监测系统以及学术交流会

参考文献

［1］周晓敏.沈从文文学自然教育及其当代意义［D］华东师范大学,2018.

［2］李吉龙.基于森林管理视角的中国国家公园探索［D］.中国林业科学研究院,2015.

［3］杨锐.美国国家公园体系的发展历程及其经验教训［J］.中国园林,2001.

［4］陈耀华,黄丹.论国家公园的公益性、国家主导性和科学性［J］.地理科学,2014.

［5］肖练练,钟林生.近30年来国外国家公园研究进展与启示［J］.地理科学进展,2017.

［6］胡锦矗.大熊猫的起源与演化［J］.中国林业,2008（22）：30-35.

［7］科普/野生动物保护图册——带你了解中国珍稀濒危野生动物! 2020. https://mp.weixin.qq.com/s/MeNIHP6Ai42hL9vZfNn7uw.

［8］自然资源部网站,我国濒危野生动植物种群稳中有升.2020.http://www.mnr.gov.cn/dt/ywbb/202003/t20200304_2500519.html.

［9］国家林业和草原局政府网.http：//www.forestry.gov.cn.

［10］创景旅游规划网.http：//www.lyplan.com.

［11］高质量建设大熊猫国家公园 探索人与自然和谐共生新模式.http：baidu.com.

［12］大熊猫国家公园专家委员会和专家库成立_国家公园_国家林业和草原局政府网.http：forestry.gov.cn.

［13］开展大熊猫种群监测,建立保护区大熊猫DNA档案.http：tjhnr.cn.

［14］国家林业和草原局政府网.http：//www.forestry.gov.cn/2020-08-05.

［15］我局参加在京召开的社会化生态保护公益行动"熊猫守护者"专家研讨会，与会专家支持在我区进行人工恢复大熊猫栖息地 - 科研成果 - 陕西佛坪国家级自然保护区管理局.http：fpbhq.cn.

［16］官方新闻 - 数字大熊猫.http：digitalgiantpanda.com.

［17］王朗山地生态遥感综合观测试验站——成都山地灾害与环境研究所.http：cas.cn.

［18］中科院无人机综合验证基地落户王朗自然保护区 _ 手机搜狐网.http：sohu.com.

［19］四川省王朗自然保护区红外相机监测成效显著 _ 地方动态 _ 国家林业和草原局政府网.http：forestry.gov.cn.

［20］唐家河"3+ 监测"模式加强野生动物疫源疫情监测.http：tjhnr.cn.

［21］成都山地所组织研究生赴唐家河国家级自然保护区开展野外科考实践——中国科学院水利部成都山地灾害与环境研究所.http：imde.ac.cn.

［22］陕西省林业科学院来大熊猫国家公园佛坪管理分局考察调研 - 科研动态 - 陕西佛坪国家级自然保护区管理局.http：fpbhq.cn.

［23］王可可.国家公园自然教育设计研究［D］.广州大学，2019.

［24］范艳丽.自然教育理念下的森林公园儿童活动区景观设计研究［D］.中南林业科技大学，2019.

［25］中共中央办公厅、国务院办公厅.建立国家公园体制总体方案［A］，2015.

［26］习近平.十九大报告《生态文明体制改革总体方案》［R］.北京：全国人民代表大会，2017.

［27］张希武.唐芳林.中国国家公园的探索与实践［M］.北京：中国林业出版社，2014.

［28］唐小平，栾晓峰.构建以国家公园为主体的自然保护地体系［J］.林业资源管理，2017（6）：1-8.

［29］杨锐.美国国家公园体系的发展历程及其经验教训［J］.中国园林，2001（1）：62-64.

［30］朱华晟，陈婉婧，任灵芝.美国国家公园的管理体制［J］.城市问

题，2013（5）：90-95.

［31］唐芳林. 中国需要建设什么样的国家公园［J］. 林业建设，2014.（5）：1-7.

［32］唐芳林. 国家公园定义探讨［J］. 林业建设，2015：10-15.

［33］王春燕. 自然主义教育理论及其思考［J］. 教育理论与实践，2001（9）：58-61.

［34］卢梭. 爱弥儿———论教育［M］. 北京：商务印书馆，1978.

［35］张桂. 爱弥尔和自然教育［D］. 湖南师范大学，2008.

［36］张蕾. 花园里的儿童教育：近代至当代西方基础教育中的"学校园"［J］. 中国园林，2015，31（10）：51-55.

［37］唐芳林. 中国国家公园建设的理论与实践研究［D］. 南京林业大学，2010.

［38］祝怀新. 国际环境教育发展概观［J］. 比较教育研究，1994（3）：33-36.

［39］刘黎明. 论西方自然主义教育思想的形成、演变及历史贡献［J］. 河北师范大学学报（教育科学版），2004（5）：75-79.

［40］李久生. 对国际环境教育发展轨迹的追溯［J］. 教育评论，2004（4）：90-94.

［41］崔建霞. 环境教育：由来、内容与目的［J］. 山东大学学报（哲学社会科学版），2007（4）：147-153.

［42］万瑾，陈勇. 发达国家森林教育的发展及其教育启示［J］. 外国中小学教育，2013（8）：35-38+27.

［43］李文明. 生态旅游环境教育效果评价实证研究［J］. 旅游学刊，2012，27（12）：80-87.

［44］文首文，吴章文. 生态教育对游憩冲击的影响［J］. 生态学报，2009，29（2）：768-775.

［45］李云珠，黄秀娟. 森林公园环境教育机制分析及策略研究［J］. 林业经济问题，2013，33（4）：373-378.

［46］孙睿霖. 森林公园环境教育体系规划设计研究［D］. 中国林业科学研究院，2013.

［47］李鑫，虞依娜．国内外自然教育实践研究［J］．林业经济，2017，39（11）：12-18+23．

［48］范存祥，钟文，蔡莹．广东海珠湿地自然教育模式解读［J］．湿地科学与管理，2017，13（4）：24-26．

［49］龚文婷．国家森林公园自然教育基地规划设计研究［D］．西北农林科技大学，2017．

［50］王碧云，修新田，兰思仁．基于游客感知的福州国家森林公园自然教育发展探析［J］．林业调查规划，2016，41（6）：53-57．

［51］范竞成，朱铮宇，张铭连．苏州湿地公园自然教育发展实践和探索［J］．湿地科学与管理．2017，13（1）：14-17．

［52］刘静．自然教育理念背景下的小学校园软质景观设计研究［D］．西南交通大学，2017．

［53］李娴．旅游地学的自然教育活动探讨．中国地质学会旅游地学与地质公园研究分会第34届年会论文集（旅游地学论文集第二十六集）［C］，2019（11）：143-148．

［54］简萍．广州城市综合公园环境教育效果评价研究［D］．华南理工大学，2017．

［55］唐芳林，王梦君，黎国强．国家公园功能分区探讨［J］．林业建设，2017（6）：1-7．

［56］蔡君．对美国LNT（Leave No Trace）游客教育项目的探讨［J］．旅游学刊，2003（6）：90-94．

［57］戴晓光．《爱弥儿》与卢梭的然教育［J］．北京大予教育评论，2013（1）：147-156．

［58］张红梅．国家局部署推进森林体验森林养生发展［N］．中国绿色时报，2016：1-18001．

［59］杨建明，余雅玲，游丽兰．福州国家森林公园的游客市场细分：基于游憩动机的因子———聚类分析［J］．林业科学，2015（9）：106-116．

［60］唐彩玲，叶文．香格里拉普达措国家公园旅游解说系统构建探讨［J］．旅游论坛，2007，18（6）：828-831．

［61］王立鹏，唐晓峰．国家公园环境教育功能评价——以普达措国家公

园为例［J］.环球人文地理，2016（22）：116-124.

［62］王可可.国家公园自然教育设计研究［D］.广州大学，2019.

［63］范艳丽.自然教育理念下的森林公园儿童活动区景观设计研究［D］.中南林业科技大学，2017.

［64］林树君，郑芷青，李文翎.广东鼎湖山自然教育径设计探讨［J］.地理教育，2011（Z2）：120-121.

［65］金玉婷，祝真旭.国家自然学校能力建设项目：自然教育的实践与探索［J］.世界环境，2016（3）：62-63.

［66］栾彩霞.环境教育的推力和依托——从环境教育基地探索日本环境教育［J］.环境教育，2013（6）：59-62.

［67］刘欣宇，智春阳.研学旅行中的自然教育营地课程开发探讨［J］.度假旅游，2019（3）：111-119.

［68］袁新利.河北小五台山自然保护区开展自然教育活动方法探讨［J］.现代农业研究，2020，26（5）：78-80.

［69］李海荣，赵芬，杨特，等.自然教育的认知及发展路径探析［J］.西南林业大学学报（社会科学），2019，3（5）：102-106.

［70］杨晓雨.探讨中国自然教育未来之路［N］.长江日报，2019：5-28.

［71］方秀，许振渊.国家森林公园自然教育基地规划策略分析［J］.农家参谋，2019（13）：94.

［72］李文明.生态旅游环境教育效果评价实证研究［J］.旅游学刊，2012，27（12）：80-87.

［73］刘黎明.论亚里士多德的自然教育思想［J］.河南大学学报（社会科学版），2008，48（4）：142-150.

［74］刘艳红.生态旅游区环境教育的游客感知研究［D］.新疆农业大学，2013.

［75］罗丹霞，陈贵松，陈小琴，等.世界遗产型景区旅游环境教育优化探析——以武夷山风景名胜区为例［J］.台湾农业探索，2017（1）：53-59.

［76］张秀丽，杜健，狄隽.北京八达岭国家森林公园自然教育实践与发展对策探索［J］.国土绿化，2019（7）：55-57.

［77］Mc Donnell J，Mackintosh B，Harpers Ferry Center. he National Parks：

Shaping the System [M] . Washington DC, U.S.: National Park Service Division of Publication, 2005.

[78] Lary M.Dilsaver.America's National Park System: The Critical Documents [M] .Lanham, U.S.: Rowman & Littlefield, 1994.

[79] UCN and WCMC.Guidelines for Protected Area Management Categories [M] .Gland, Switzerland: IUCN, 1994.

[80] Uzun F V, Keles O.The effects of nature education project on the environmental awareness and behavior [J] . Procedia–Social and Behavioral Sciences, 2012 (46): 2912–2916.

[81] CHE R UBINI P.Forest research and education [J] . the status quo. Forest, 2006, 9 (3): 300.

[82] KONGSAK T, SUNEE L.The Development of Environmental Education Activities for Forest Resources Conservationfor the Youth [J] . Procedia – Social and Behavioral Sciences, 2014 (116): 2266–2269.

[83] Ballantyne R, Hughes K, Lee J, et al. Visitors'values and environmental learning outcomes at wildlife attractions: Implications for interpretive practice [J] . Tourism Management, 2018 (64): 190–201.

[84] Huang T C, Chen C C, Chou Y W.Animating eco–education: To see, feel, and discover in an augmented reality–based experiential learning environment [J] .Computers & Education, 2016 (96): 72–82.

[85] Hungerford H R, Volk T L. Changing learner behavior through environmental education [J] . The journal of environmental education, 1990, 21 (3): 8–21.

[86] Jacobson S K, Padua S M. Pupils and parks: Environmental education in National Parks of developing countries [J] .Childhood Education, 1992, 68 (5): 290–293.

[87] Leujak W, Ormond R F G. Visitor perceptions and the shifting social carrying capacity of South Sinai's coral reefs [J] .Environmental Management, 2007, 39 (4): 472–489.

[88] Li R S. The U.S. National Park Management System [M] .Beijing:

China Architecture and Building Press，2005.

［89］Liu S X. The U.S.National Park：A classroom without walls［J］. Environmental Protection，2010（3）：77-78.

［90］Lugg A，Slattery D. Use of national parks for outdoor environmental education：An Australian case study［J］.Journal of Adventure Education and Outdoor Learning，2003，3（1）：77-92.

［91］Masuda N，Shimomura Y，Yamamoto S，Abe D，Fujimoto T.Study on the Adjustment of the Quasi-national Park from the aspect of the Environmental Education［J］.Bulletin of the University of Osaka Prefecture. Ser. B，Agriculture and biology，1992（44）：63-70.

［92］Repka P，Švecová M. Environmental education in conditions of National Parks of Slovak Republic［J］.Procedia-Social and Behavioral Sciences，2012（55）：628-634.

［93］Schofield P. Evaluating Castle Field Urban Heritage Park from the Consumer Perspective：Destination Attribute Importance，Visitor Perception and Satisfaction［J］.Tourism Analysis，5（2-3）：183-189.

［94］Tanner T. Significant life experiences：A new research area in environmental education［J］. The Journal of Environmental Education，1980，11（4）：20-24.

附录 1：美国黄石国家公园调研照片

附图 1-1　分门别类的丰富的免费咨询资料

附图 1-2　各种解说标识牌

附图 1-3　公园内教育中心

附图 1-4　公园内住宿、餐饮及售卖等建筑设施

附图 1-5　西黄石门户小镇游客中心咨询服务

附图 1-6　与自然教育运营部门交流

附图 1-6　与公园社区交流

附图 1-7   公园内的房车营地

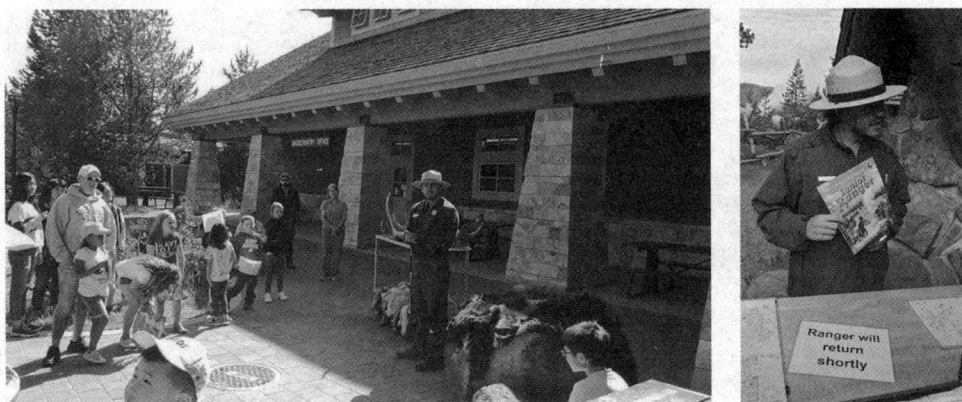

附图 1-8   护林人讲解

附录 2：美国优胜美地国家公园调研照片

附图 2-1　与优胜美地国家公园管理局交流

附图 2-2　公园内到处可见就地取材的大原木休息座椅

附图 2-3　公园内随处可见热爱运动的游客

附图 2-4　公园导览图

附录 3：加拿大班夫国家公园调研照片

附图 3-1　和班夫小镇（国家公园社区）交流

附图 3-2　班夫小镇游客咨询中心

附图 3-3　野生动物无障碍交通桥梁

附图 3-4 公园解说牌

附图 3-5　公园内的骑马体验项目

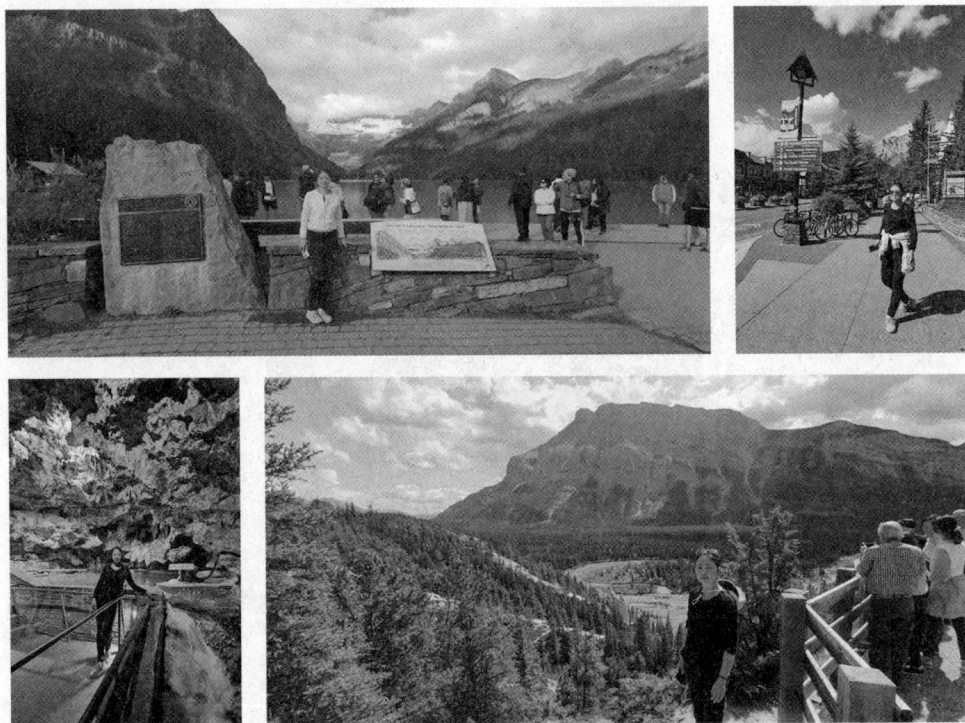

附图 3-6　公园景色

附录4：大熊猫国家公园唐家河园区调研照片

附图 4-1　唐家河自然博物馆

附图 4-2　唐家河研究中心

附图 4-3　唐家河数据监控室

附图 4-4　唐家河自然教育中心

附录 5：王朗国家级自然保护区调研照片

附图 5-1　保护区内用于自然教育的多处玻璃房

附图 5-2   王朗宣教中心

附图 5-3   豹子沟王朗自然保护区展厅

附图 5-4   王朗自然保护区大门

附图 5-5　王朗自然保护区调研团队

项目策划：段向民
责任编辑：段向民　武　洋
责任印制：孙颖慧
封面设计：武爱听

图书在版编目（CIP）数据

大熊猫国家公园自然教育模式研究 / 李娴著. -- 北
京：中国旅游出版社，2021.12
　　ISBN 978-7-5032-6868-7

　Ⅰ．①大… Ⅱ．①李… Ⅲ．①大熊猫－动物保护－国
家公园－自然教育－研究 Ⅳ．①S759.992②Q959.838

　中国版本图书馆CIP数据核字(2021)第258092号

书　　　名：大熊猫国家公园自然教育模式研究

作　　　者：李娴　著
出版发行：中国旅游出版社
　　　　　（北京静安东里6号　邮编：100028）
　　　　　http://www.cttp.net.cn　E-mail:cttp@mct.gov.cn
　　　　　营销中心电话：010-57377108，010-57377109
　　　　　读者服务部电话：010-57377151
排　　版：北京旅教文化传播有限公司
经　　销：全国各地新华书店
印　　刷：北京明恒达印务有限公司
版　　次：2021年12月第1版　2021年12月第1次印刷
开　　本：720毫米×970毫米　1/16
印　　张：9
字　　数：137千
定　　价：49.80元
ISBN　978-7-5032-6868-7